国家自然科学基金项目（41764005）资助

地－井、井－地激发极化法三维正反演研究

The Research on 3-D Forward and Inversion of Surface-borehole and Borehole-surface IP Methods

吕玉增　韦柳椰　**著**

中南大学出版社
www.csupress.com.cn

·长沙·

前言

井中激发极化法（简称井中 IP）是勘查多金属和贵金属硫化物矿床，尤其是寻找深部盲矿体优先选用的有效井中物探方法之一。本书从电场满足的微分方程出发，推导了三维复杂条件下四面体剖分的三维激发极化法有限元正演计算方法，采用MSR（modified sparse row）压缩存储技术，大大减少了三维正演计算对内存的要求，把 SSOR – PCG 法应用到有限元正演方程求解中，使正演计算时间大大缩短，在 PC 机上实现了快速正演计算。在正演基础上，系统分析了井旁不同形态异常体（盲矿体）的地－井五方位 IP 异常特征，分析异常体位置、参数变化，方位距离变化、钻孔大小、观测环境和地形等对地－井五方位 IP 异常的影响规律，总结出依据不同方位观测激电异常特征快速定位盲矿体的方法。针对常见的浸染状矿体等非等位体，讨论了立方体、板状体等典型非等位体的充电激电异常特征和异常体埋深、充电点位置变化对充电异常的影响等。针对当前地－井、井－地 IP 的实测和模拟数据，开发了地－井五方位 IP 人机交互正演拟合反演解释和成像软件，实现了地－井、井－地 IP 的三维可视化正反演。

本书数据翔实，内容丰富，可作为地球物理、勘查技术与工程等专业领域的科技人员、高等院校相关专业师生的参考资料。

目录 / Contents

第 1 章 绪 论

1.1 引 言

　　激发极化法(IP)是电法勘探中的一个重要分支,在矿产勘查、油气资源勘查和水资源勘查中发挥着巨大的作用。特别是在金属矿产勘查中,激发极化法工作效率高、勘探效果好,是应用最广泛的地球物理勘探方法之一。当前,随着国家加大了金属矿产资源勘查的投入力度,又迎来了新一轮的找矿热潮,但矿产勘查也遇到了一个新的课题,即深部找矿难度加大,传统的地面激发极化法达不到预期的深度,影响了勘探效果。

　　井中激发极化法(以下简称井中激电或井中IP)是勘查多金属和贵金属硫化物矿床,尤其是寻找深部盲矿体优先选用的有效井中物探方法。该方法可充分依靠已知的钻孔信息,在发现井旁、井底盲矿、追索矿化带、估算见矿深度、查证地面激电异常等方面发挥重要作用。在老矿山、危机矿山等的勘查中,有许多钻孔,若能利用已有钻孔资源,开展地-井、井-地等激发极化勘探和解释工作,探查井附近盲矿体或矿体空间延伸情况,必将大大提高钻探见矿率和找矿效果、减少勘探成本。我国在1999年出版了《井中激发极化法技术规程(DZ/T 0204—1999)》,指导野外激电测井工作,先后有蔡柏林、任振波、何裕盛、王志刚、何展翔等科研工作者对激电测井进行过理论分析和研究。然而,与地面激发极化法相比,我国井中激电技术的发展程度相对较低,解释水平也相对落后。相比之下,随着电子和计算机技术的飞速发展,关于智能化先进测井仪器等的不断涌现,数据采集的质量不断提高,对井中激电的资料解释也提出了新的要求。

　　然而,钻孔针对的是典型的三维复杂环境,因此,研究三维复杂条件下井-地、地-井IP正反演技术是电法勘探理论和实际应用的迫切需要。本书针对这两种井中激电方法,用有限单元法对三维地-井和井-地地电环境进行数值模拟和反演研究，较系统地讨论地−井五方位和井−地激电充电法的异常规律，探讨实现快速正反演的技术。

1.2 地−井、井−地 IP 正反演研究现状

地−井、井−地 IP 与其他的地面激发极化法同出一宗。解决激发极化法正演问题有三种途径，即解析法、模型实验法和数值模拟法。解析法只适用于形体比较规则的地质体，如球体和板状体、水平层等，由于是通过解析法推导出场值的解析表达式的，故该方法得到的结果比较精确，但对于一些比较复杂的场源分布或不规则的地质体，其解析解很难得到，实际应用范围有局限性。模型实验法，也称物理模拟法，它主要使用各种物理模拟设备，如水槽、土槽、电阻网络、导电纸等来实现的。它通常根据模拟准则，把复杂地电模型按比例缩放，搬到实验室里模拟。尽管该实验方法能够解决许多复杂的问题，但受仪器设备、模拟环境、人为因素等影响很大。数值模拟法是根据地球物理中的偏微分方程和边界条件，用数值方法求解场值的近似解，虽然它是一种近似的方法，但由于它适用于复杂物性分布和复杂边界形状的地球物理计算，故适用范围很广。

在电法正演数值模拟的方法中，常用的方法有有限差分法、边界单元法以及有限单元法。有限差分法（finite difference method，简称 FDM）是一种经典的数值模拟计算方法，其基本原理就是用差商代替微商，把定解问题转化为代数方程组的求解。早在 20 世纪六七十年代，有限差分法就已经被用到电磁法领域（Lamontagne 和 West[1]，1971；Jepsen[2]，1969；Mufti[3-4]，1976，1978；Dey 和 Morrison[5]，1979），主要讨论了二维地电条件下的点源电阻率法和激发极化法。之后，随着计算机技术的飞速发展，有限差分法在三维电法数值模拟方面得到了迅猛发展（Scriba[6]，1981；Zhdanow et al.[7]，1982；Gldman et al.[8]，1983；Leppin[9]，1992；Spitzer et al.[10]，1999；周熙襄，等[11]，1983；罗延钟，等[12-13]，1984，1986；刘树才，等[14]，1995；邓正栋[15]，2000；吴小平，等[16]，1998），取得了良好的应用效果。边界单元法（boundary element method，简称 BEM）的前身是边界积分方程法，随着有限单元法的兴起，其单元划分和插值函数的概念引入到了边界积分方程中，发展成为边界单元法。20 世纪 80 年代初，边界单元法首先在电法/电磁法的地形研究领域占有一席之地，以解决复杂的地形影响问题（Fox[17]，1980；Okabe[18]，1981；Nardini 和 Brebbia[19]，1983；Oppliger[20]，1984；刘继东[21]，1998；汤洪志，等[22]，2001），徐世浙应用边界单元法成功解决了二维、三维地电断面的正演模拟问题（徐世浙，等[23-27]，1987，1990，1992，1993，1996；马钦忠，等[28]，1995，谭义东，等[29]，1993）。毛先进，等[30-31]将传统的

边界积分方程进行了改进，使积分方程法可以适应地下多个不均匀体的正演计算并得到了 2.5 维和三维的计算结果。Hohmann[32] 利用积分方程法对三维极化率和电磁模型进行正演，取得了丰富的研究成果。有限单元法（finite element method，简称 FEM）是将要分析的连续场分割为很多较小的区域，建立每个单元上待求场量的近似式，再结合起来，进而求得连续场的解。从数学角度来讲，它是从变分原理出发，通过区域剖分和插值，把泛函的极值问题化为多元函数的极值问题，最后等价为求解一组多元线性方程组。有限单元法在我国的电法领域的应用始于 20 世纪 70 年代末 80 年代初，主要有朱伯芳[41]（1979），李大潜[42]（1980），周熙襄[43-44]（1980，1986）、罗延钟[45]（1987）和徐世浙[46-54]（1982，1984，1985，1986，1988，1994）等，研究领域涉及直流电法、电磁法领域。阮百尧[55-56]、黄俊革[57-58]，强建科[59] 等利用有限单元法实现了三维地电断面的正演模拟并编制相应程序。总的来说，三种数值模拟方法在电阻率正演计算方面都有一定的优势和不足；有限差分法的优点是方法简便易算，其缺点是，当物性参数分布复杂或场域的几何特征不规则时，适应性比较差。而边界单元法的优势是正演速度快，内存需求少，但对复杂、多个异常体的数值模拟难度大。相比之下，有限单元法的灵活性和适应性较好，特别适用于复杂地电模型的数值模拟，且精度较高；其缺点是计算量比较大，计算时间长，但目前计算机的内存容量和 CPU 速度发展非常迅速，使有限单元法在解决许多工程领域的数学物理问题中，成为一种高效、通用的计算方法。

　　近年来，激发极化反演也取得了很大进展，其中代表性的成果有：Tripp et al.[60]（1984）对二维电阻率的反演方法进行了研究，取得了一定的成功；Petrick et al.[61]（1981）使用 α 中心法对三维电阻率反演进行了研究并得到较好效果，不过该方法要求电导率的空间变化不能太大，对初始模型的要求也比较高；Pelton 等[62] 实现了二维激发极化数据的反演；Shima[63-64]（1990，1992）对该方法进行改进并用于井间的电阻率成像；Rijo[65]（1984）利用一个简单算法对一定类型的三维模型进行了反演，由于缺乏通用性而没有广泛应用；Park 等[66]（1991）发表了基于有限差分的三维反演算法；Li 和 Oldenburg[67,68]（1992，1994）提出了基于 Born 近似的反演方法，认为二次场可近似看作一次场在电性不均匀处产生的积累电荷激发，而忽略积累电荷之间的影响，该方法虽然取得一定效果，但很难处理大对比度的模型；Sasaki[69]（1994）详细阐述了基于有限单元法的三维电阻率反演方法，采用互换原理及借助辅助场源组的方法来计算偏导数矩阵，加快了计算速度；Ellis 等[70]（1994）对三维反演方法进行了系统论述；Zhang et al.[71]（1995）、吴小平等[16,72-73]（1998，2000）使用共轭梯度算法对三维模型进行了反演研究，在反演算法中，不直接求解 Jacobian 矩阵 A，只需求解 A 与向量 x 的乘积 Ax 及 A^T 与向量 y 的乘积 A^Ty，从而加快反演的速度，提高了反演速度，保障了反演的稳定性和可靠性，取得了很好的反演效果；Loke 和 Barker[74-75]（1995，1996）应用反褶积和拟牛顿最小二乘反演，提高了反演的速度；阮百尧等[76]（1999）提出了电导率和极化率连续变化的最小二乘反演方法，使反演精度和效果都得到提高；Zhou 和 Greenhalgh[83]（2002）用解析法计算格林函数，实现了 2D/3D 的钻孔的电阻率快速影像；黄俊革[58]（2003）在其博士论文中，对激发极化法三维反演做了改进，对光滑约束等方面进行了探索，并对坑道、起伏地形等复杂三维情况进行分析研究，实现了三维成像，但反演速度和效果还不是很理想。此外，非线性反演方法也得到迅速发展，主要有梯度法（gradient method、the steepest descent、the steepest ascent）、尝试法（the trail and error method）、蒙特卡洛法（monte carlo method）、人工神经网络（artificial neural networks）、模拟退火法（simulated annealing）、遗传算法（genetic algorithm）、小波分析法（wavelet analysis）等。

总的来说，地面激发极化法的成果较多，而对井中等深部激发极化的正反演方法研究成果较少，以致目前国内对井中激发极化法的数据解释仍停留在定性解解释阶段，影响井中激电的勘探效果。此外，当前激发极化法三维正反演的计算速度还不够快，还很难满足井中深部勘查的数据分析和解释，其方法和技术都有待于改进和提高。

1.3　问题的提出

在国外，井中激电法已经成为一种必要的方法，甚至是有孔必测；在国内当前危机矿山接替资源勘查中，井中激电正逐步成为深部矿产勘查的重要方法之一。目前井中的实际生产，其目的是了解钻孔深部或井旁的盲矿体，为深部找矿服务。由于受钻孔条件和环境的限制，广泛应用的方法是地-井五方位和井-地激电充电法。然而，目前对这两个方面的研究成果较少，解释水平也相对落后，直接影响深部找矿效果。为此，国土资源部全国危机矿山接替资源找矿项目管理办公室把"地-井、井-地 IP 三维正反演技术"列为深部找矿的关键方法技术之一进行研究。本书正是结合国家地矿行业发展和深部找矿的需求，选择"地-井、井-地 IP 三维快速正反演研究"这一课题，重点对目前应用较多的地-井五方位和井-地激电充电法的快速正反演进行研究。

选择这一课题进行研究也具有一定的学术和理论意义。首先，钻孔环境是一个复杂的三维环境，矿山勘探井往往比较深，这些都为正演数值模拟计算提出了更高的要求，即如何进行三维网格剖分以适应复杂的钻孔环境？其次，超大型方程组的求解、Jacobian 矩阵的求取和计算、井中弱数据信号的观测精度和快速的反演解释等,都是地球物理中的热点问题。

在当前情况下开展地－井、井－地三维快速正反演研究,其成果自然很快就能转化为生产力,为矿产勘查实际应用提供服务和技术支持。

1.4 主要研究内容

1.4.1 地－井、井－地 IP 三维快速正演研究

本书以三维点源场为研究对象,首先从电场满足的微分方程、边值问题、变分方法出发,推导了基于四面体网格交叉剖分的三维电场有限元正演计算算法,以提高复杂地形和钻孔特殊条件下的模拟精度,提高数值计算精度。用 MSR[86] (modified sparse row)压缩存储有限元正演系数矩阵非零元素,大大减少三维正演计算的内存需求;并把 SSOR－PCG[86]迭代法应用到地－井、井－地 IP 三维有限元正演计算中,使计算时间由原来的十几分钟缩短到现在的十几秒,在主流 PC 机上实现了地－井和井－地 IP 的快速正演计算,为接下来的地－井、井－地 IP 快速反演解释奠定基础。

1.4.2 地－井 IP 的异常研究

针对地－井五方位 IP 实际应用中的热点问题,较系统地分析研究地－井五方位 IP 的异常特征,总结提出了依据地－井五方位观测的曲线异常特征快速定位盲矿体的方法,主要从以下四个方面进行分析讨论:

1)井旁不同形态异常体(盲矿体)的地－井五方位 IP 异常特征分析;
2)异常体位置、方位距离等变化对地－井五方位 IP 异常的影响分析;
3)钻孔大小、环境对地－井五方位 IP 异常的影响分析;
4)地形对地－井五方位 IP 的影响分析。

1.4.3 井－地 IP 的异常研究

以常见的浸染状矿体等非等位体为研究对象,对井－地的激电充电法进行了分析讨论:

1)立方体、板状体等典型非等位体的充电激电异常特征;
2)异常体埋深、充电点位置变化对充电异常的影响分析。

1.4.4 三维快速反演研究

从两个方面分析研究地－井、井－地 IP 数据的快速反演方法:

1）正演拟合反演：针对当前危机矿山勘查急需的地 – 井五方位 IP 数据解释，提出正演拟合反演模式，讨论实现快速正演拟合反演的方法及可行性，开发人机交互快速正演拟合反演软件；

2）三维层析成像反演：以最小二乘约束反演理论为基础，研究三维层析成像快速反演算法。

最后，分别用实例和算例对人机交互反演软件、层析成像反演程序解释效果进行了检验和说明。

第 2 章　地 – 井、井 – 地 IP 三维快速正演研究

地 – 井、井 – 地 IP 是深部地球物理勘查中最有效的方法之一。目前，常用的地 – 井 IP 方法有常规测井、地 – 井五方位等；井 – 地 IP 主要有充电法和井 – 地激电法等。与地面 IP 方法相比，井 – 地和地 – 井 IP 方法可以在井中供电和观测，有利于获取深部信息，这也正是地 – 井、井 – 地 IP 常用于深部勘查的重要原因之一。

正演是反演的基础和前提，要实现地 – 井、井 – 地 IP 的快速反演，必须建立快速、高效、正确可靠的正演算法。对于复杂条件下的地 – 井、井 – 地观测来说，电场没有解析表达式，需要借助数值计算方法。为此，本章首先从电场满足的微分方程出发，给出电场满足的三维边值问题和变分方程。其次，分析和讨论复杂条件下的三维网格剖分方法，把四面体交叉剖分技术应用到三维有限元正演计算中，推导了边界积分计算算法[88]；在地形模拟上，利用高程修正公式实现起伏地形的网格剖分，使剖分网格更符合电场的分布规律，提高计算精度。最后，还详细分析了三维有限元正演计算形成的系数矩阵非零元素结构，并用 MSR 压缩存储非零元素，大大减少了正演计算的内存消耗。并把 SSOR – PCG[86] 迭代法应用到地 – 井、井 – 地 IP 三维正演求解中，使计算时间由原来的十几分钟缩短到现在的十几秒，在主流 PC 机上实现了地 – 井和井 – 地 IP 的快速正演计算，为接下来的地 – 井、井 – 地 IP 快速反演解释奠定基础。

2.1　时间域激电计算

按照 Seigel (1959) 理论，体极化电场的时间域极化率计算可以通过等效电阻率法实现，体极化效应等效于电阻率的增大，即极限等效电阻率 ρ^* 与真电阻率 ρ

之间的关系如下:

$$\rho^* = \rho / (1 - \eta) \qquad (2-1)$$

视极化率的计算公式为

$$\eta_s = (\Delta U_Z - \Delta U_1) / \Delta U_Z \cdot 100\% = \Delta U_2 / \Delta U_Z \cdot 100\% \qquad (2-2)$$

其中:ΔU_Z 为观测总电位差;ΔU_1 为无激电效应的一次电位差;ΔU_2 为二次电位差。因此,根据式(2-1)和式(2-2),视极化率 η_s 的计算可以通过对模型电阻率 ρ^* 和 ρ 进行两次正演计算而得到,将时间域激发极化法的三维正演问题转化为电阻率法三维正演问题。

2.2　三维点源场基本原理

在稳定电流场中,若电流密度 j,电场强度 E,电位 u 和介质的电导率 σ 存在如下的关系:

$$j = \sigma E \quad 和 \quad E = -\nabla u$$

因而

$$j = -\sigma \nabla u \qquad (2-3)$$

若在地面或地下 $A(x_A, y_A, z_A)$ 点存在电流强度为 I 的点电源,电流密度为 j,在空间作任意闭合面 Γ_s,Ω 是 Γ 所围的区域,如图 2-1 所示,根据高斯通量定律,流过闭合面 Γ 的电流总量可以表示如下:

$$\oint_\Gamma j \cdot d\Gamma = \begin{cases} 0 & A \notin \Omega \\ I & A \in \Omega \end{cases} \qquad (2-4)$$

根据高斯定理,式(2-4)中矢量的面积分可转换成矢量的散度积分:

$$\oint_\Gamma j \cdot d\Gamma = \int_\Omega \nabla \cdot j \, d\Omega = \begin{cases} 0 & A \notin \Omega \\ I & A \in \Omega \end{cases} \qquad (2-5)$$

用 $\delta(A)$ 表示以 A 为中心的狄拉克函数,根据 δ 函数的积分性质,有

$$\int_\Omega \delta(A) d\Omega = \begin{cases} 0 & A \notin \Omega \\ \dfrac{\omega_A}{4\pi} & A \in \Omega \end{cases} \qquad (2-6)$$

其中:ω_A 是 A 点对地下区域 Ω 张的立体角,若充电点在地下,则 $\omega_A = 4\pi$;若均匀半空间在地面充电,$\omega_A = 2\pi$,比较式(2-5)与式(2-6),可得

$$\nabla \cdot j = \frac{4\pi}{\omega_A} I \delta(A) \qquad (2-7)$$

将式(2-3)代入式(2-7)中,得电位满足的微分方程:

$$\nabla \cdot (\sigma \nabla u) = -\frac{4\pi}{\omega_A} I \delta(A) \qquad (2-8)$$

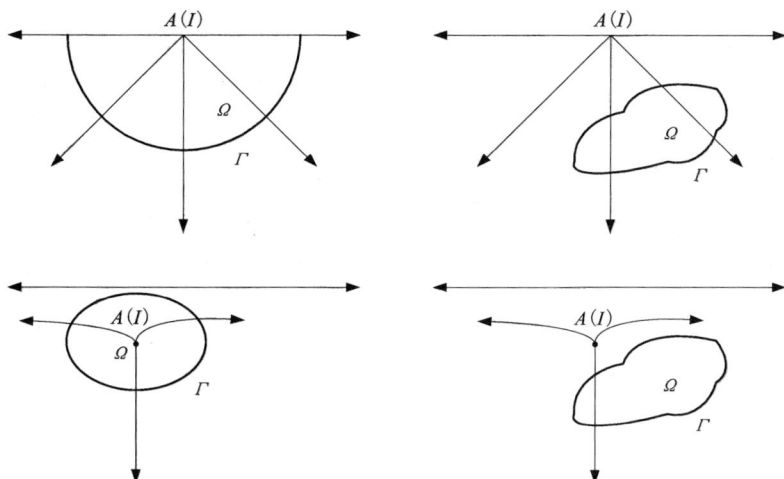

图 2 – 1　三维点源场示意图

在直角坐标系、柱坐标系和球坐标系中，展开式(2 – 8)，分别得到

$$\frac{\partial}{\partial x}\left(\sigma\,\frac{\partial u}{\partial x}\right) + \frac{\partial}{\partial y}\left(\sigma\,\frac{\partial u}{\partial y}\right) + \frac{\partial}{\partial z}\left(\sigma\,\frac{\partial u}{\partial z}\right) = -\frac{4\pi}{\omega_A}I\delta(x_A)\delta(y_A)\delta(z_A) \qquad (2-9)$$

$$\frac{1}{r}\frac{\partial}{\partial r}\left(\sigma r\,\frac{\partial u}{\partial r}\right) + \frac{1}{r^2}\frac{\partial}{\partial \alpha}\left(\sigma\,\frac{\partial u}{\partial \alpha}\right) + \frac{\partial}{\partial z}\left(\sigma\,\frac{\partial u}{\partial z}\right) = -\frac{4\pi}{\omega_A}I\delta(r_A)\delta(\alpha_A)\delta(z_A)$$

$$(2-10)$$

$$\frac{1}{r^2}\frac{\partial}{\partial r}\left(\sigma r^2\,\frac{\partial u}{\partial r}\right) + \frac{1}{r^2\sin\theta\,\partial\theta}\frac{\partial}{}\left(\sigma\sin\theta\,\frac{\partial u}{\partial \theta}\right) + \frac{1}{r^2\sin^2\theta\,\partial\alpha}\frac{\partial}{}\left(\sigma\,\frac{\partial u}{\partial \alpha}\right) = -\frac{4\pi}{\omega_A}I\delta(r_A)\delta(\theta_A)\delta(\alpha_A)$$

$$(2-11)$$

式(2 – 9)，式(2 – 10)和式(2 – 11)便是三维构造中点电源电场的电位所应满足的微分方程。

2.3　三维有限元网格剖分

2.3.1　*x – y* 平面网格剖分

地 – 井、井 – 地三维观测大致有三类测网布设方式(图 2 – 2)：(a)矩形规则测网；(b)测线放射状布设；(c)测线环状布设。

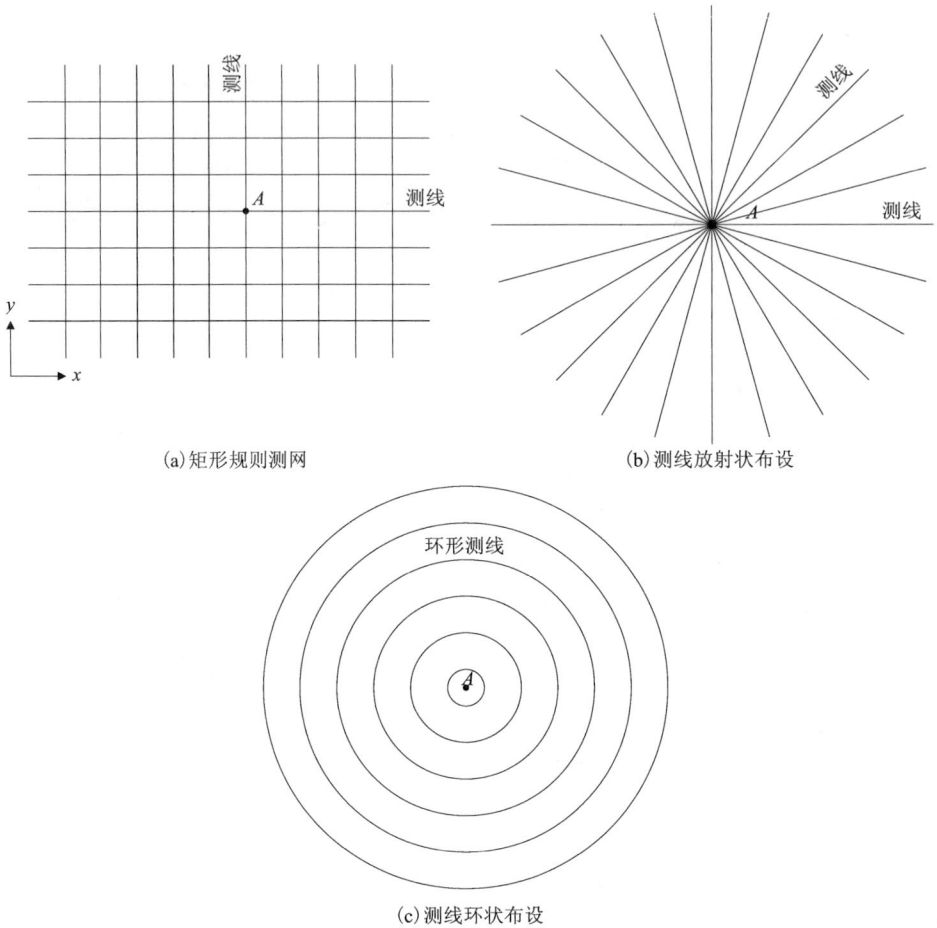

(a)矩形规则测网

(b)测线放射状布设

(c)测线环状布设

图2-2 地－井、井－地IP三维观测示意图

1. 矩形规则测网的网格剖分

矩形规则测网的网格剖分比较简单，可直接进行六面体等网格单元剖分。

2. 放射状测线的网格剖分

柱坐标系和直角坐标系之间存在如下简单关系：$x = r\cos\theta$，$y = r\sin\theta$，$z = z$；如图2-3所示，可以把地面实际观测平面投影到 $r - \theta$ 平面上，完成网格剖分和单元编号，再利用坐标之间的简单关系以返回实际平面，完成放射状测线的网格剖分。

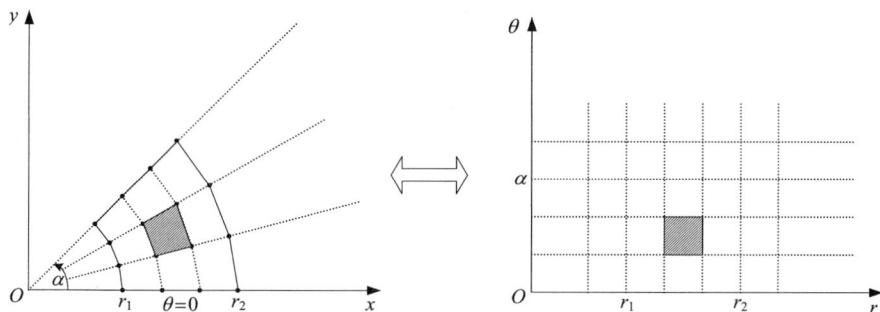

图 2 – 3　放射状的测线网格剖分示意图

3. 环状测线的网格剖分

参照放射状的测线网格剖分方法，可完成环状测线的网格剖分，但这仅适用于不同环状测线上测点个数相同的情况，而实际情况往往是环状测线的半径越大，测线上的测点越多，需要通过 r 方向上的变网格剖分来实现。具体做法为（图 2 – 4）：相邻环测线上，假设外环测线上测点个数（n_{i+1}）是内环测线上测点个数（n_i）的 p_i 倍，即 $n_{i+1} = n_i \cdot p_i$，p_i 是不小于 1 的整数。实际工作中，通常每条环测线上的相邻测点点距固定，因此，根据正多边形的三角关系，很容易得到第 i 条环测线上点距 d_i 与 n_i、r_i 之间的关系式，即 $d_i = 2r_i \cdot \sin(\pi / n_i)$。综合起来，便得到环测线观测网格剖分各参数之间的关系表达式：

$$\begin{cases} d_i = 2r_i \cdot \sin(\pi / n_i) \\ n_{i+1} = p_i \cdot n_i \end{cases}, \quad (i = 1, 2, \cdots, m) \qquad (2 - 12)$$

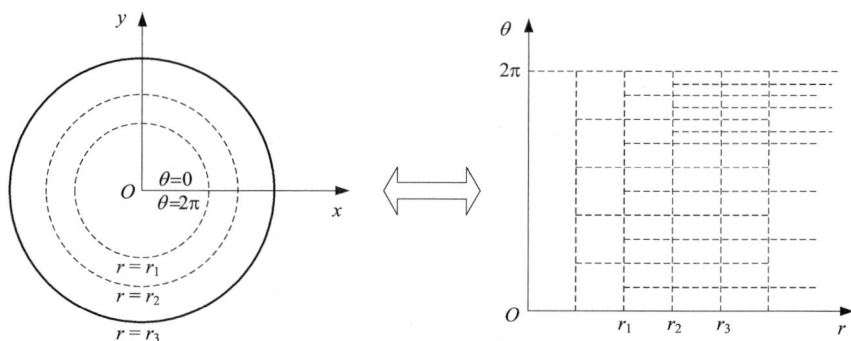

图 2 – 4　环形测线网格剖分示意图

2.3.2 Z方向网格剖分

若以地面为直角坐标系的 $x-y$ 平面，起伏地形反映在坐标系中就是 z 坐标的变化。传统的方法是将 z 方向上的网格剖分随地形一起起伏[图 2-5(a)]，这个过程虽然容易实现，但没有体现出不同地形情况下的电场分布规律，为此，对剖分网格节点的 z_i 做如下修正：

$$Z_i = (D - z_i) \cdot Z_p / D + z_i, \quad (i = 1, 2, \cdots, N) \tag{2-13}$$

其中：Z_p 是地面点 p 的地形高程(水平地形 $Z_p = 0$，正地形 $Z_p > 0$，负地形 $Z_p < 0$)；D 为网格剖分纵向 (Z) 方向的深度；z_i 是指水平情况下 Z 方向上第 i 个结点的 z 坐标；N 为 Z 方向上剖分的网格结点个数；Z_i 是添加地形数据后的 p 点 Z 方向上第 i 个结点的 Z 坐标。当在地面时 $(i = 1)$，$z_1 = 0$，$Z_i = Z_p$；当在地下边界时 $(i = N)$，$z_1 = D$，$Z_i = z_i$。图 2-5 是一个实际地形按式(2-13)修正前、后的 z 方向网格剖分对比结果。显然，修正后的网格剖分更符合电场分布规律。

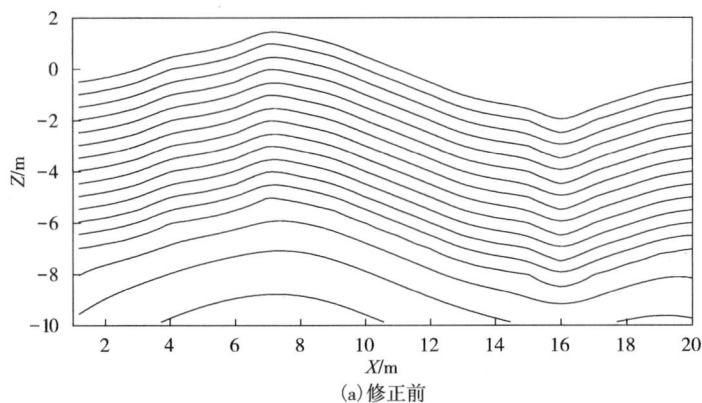
(a)修正前

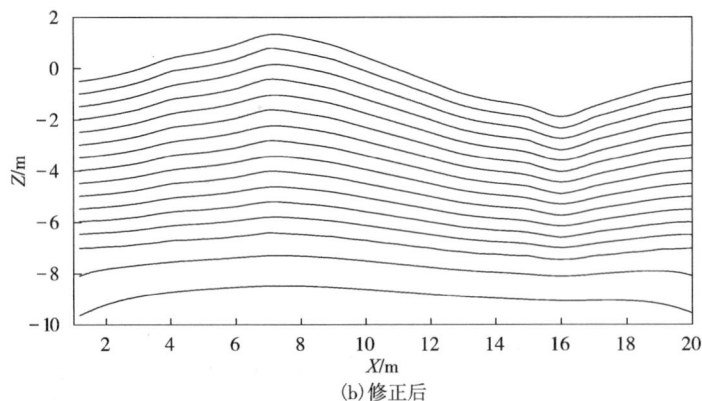
(b)修正后

图 2-5　修正前(a)与修正后(b)z方向网格比较

2.3.3　四面体单元剖分

通过上述分析看到，对于三种不同测网方式，三维网格剖分可以用 $x - y - z$ 或 $r - \theta - z$ 上的六面体单元剖分实现。为了更好地模拟复杂地形和不规则异常体，选用四面体单元剖分，其步骤为：第一步，六面体单元剖分，节点编号；第二步，在六面体基础上，进行四面体剖分。一个六面体单元剖分成五个四面体，相邻单元的网格剖分方向相互交叉［图 2 - 6(a)、(b) 和 (c)］，不仅改善了单元剖分的方向性引起的计算误差，还提高了计算精度和可靠性。

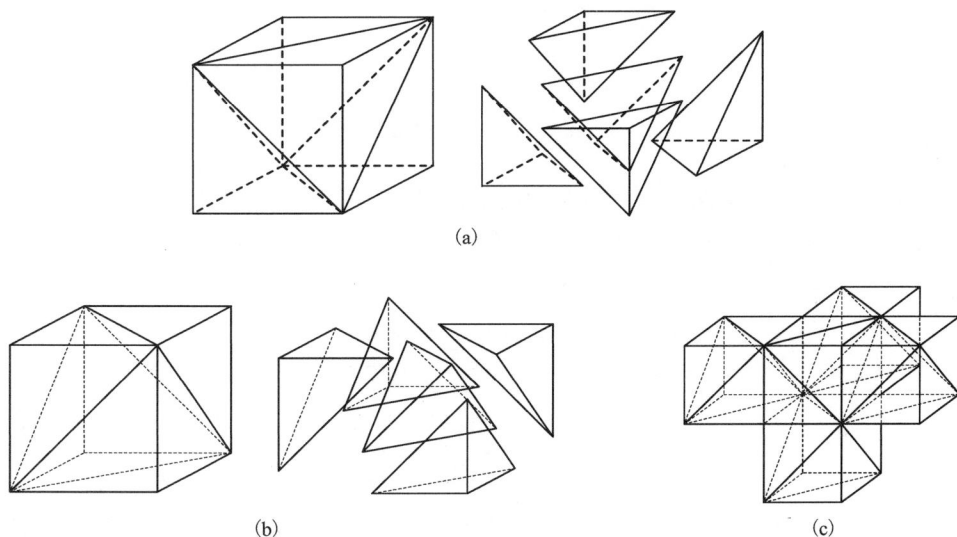

(a)

(b)　　　　　　　　(c)

图 2 - 6　四面体剖分示意图

2.4　三维点源场有限单元法正演计算

2.4.1　边值和变分问题

点电源场除了满足式(2 - 8)外，还应满足以下条件：
在地面 $\varGamma_{s}$ 上，电位的法向导数为 0，即

$$\frac{\partial u}{\partial n} = 0 \qquad \in \varGamma_{s} \tag{2 - 14}$$

在无穷远边界 $\varGamma_{\infty}$ 上，电位是点源电位，即

$$u = \frac{c}{r} \qquad \in \varGamma_{\infty} \tag{2 - 15}$$

r 为点源点到无穷远边界的距离, 对式(2－15)求导, 联合消去常数 c, 得

$$\frac{\partial u}{\partial n} + \frac{\cos(r,\ n)}{r} u = 0 \qquad \in \Gamma_\infty \qquad (2-16)$$

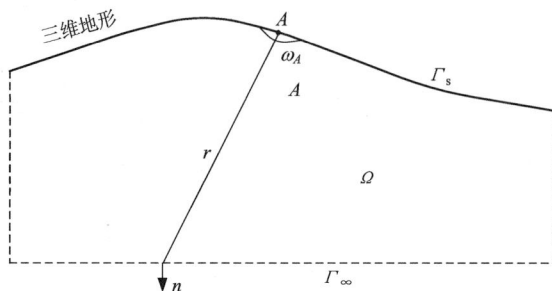

图 2－7　三维地形

因此, 如图 2－7 所示, 点电源中电位满足的方程可总结如下:

$$\begin{cases} \nabla \cdot (\sigma \nabla u) = -(4\pi/\omega_A) I\delta(A) & \in \Omega \\ \partial u/\partial n = 0 & \in \Gamma_s \\ \partial u/\partial n + u \cdot \cos(r,\ n)/r = 0 & \in \Gamma_\infty \end{cases} \qquad (2-17)$$

$$\begin{cases} \nabla \cdot (\sigma \nabla V) = -\nabla \cdot (\sigma' \nabla V_0) & \in \Omega \\ \partial V/\partial n = 0 & \in \Gamma_s \\ \partial V/\partial n + V \cdot \cos(r,\ n)/r = 0 & \in \Gamma_\infty \end{cases} \qquad (2-18)$$

式(2－17)和式(2－18)分别为总电位和异常电位满足的微分方程。其中, Γ_s 为区域 Ω 的地面边界, Γ_∞ 为区域 Ω 的地下边界, n 为边界的外法向方向, σ 为介质的电导率, u 为总电位, ω_A 是 A 点对地下区域 Ω 张的立体角。V_0 是正常电位, V 为异常电位, $\sigma' = \sigma - \sigma_0$ 为异常电导率。

与式(2－17)和式(2－18)等价的变分问题为:

$$\begin{cases} F(u) = \int_\Omega \left[1/2\sigma\ (\nabla u)^2 - (4\pi/\omega_A) I\delta(A) u \right] \mathrm{d}\Omega + \\ \qquad\qquad 1/2 \int_{\Gamma_\infty} \sigma \cdot \cos(r,\ n) \cdot u^2/r \mathrm{d}\Gamma \\ \delta F(u) = 0 \end{cases} \qquad (2-19)$$

$$\begin{cases} F(V) = \int_\Omega \left[1/2\sigma\ (\nabla V)^2 - \sigma'\ \nabla V_0 \cdot \nabla V \right] \mathrm{d}\Omega + \int_{\Gamma_\infty} \left[\frac{1}{2}\sigma \cdot \right. \\ \qquad\qquad \left. \cos(r,\ n) \cdot V^2/r + \sigma' \cdot \cos(r,\ n) \cdot V_0 V/r \right] \mathrm{d}\Gamma \\ \delta F(V) = 0 \end{cases} \qquad (2-20)$$

2.4.2　插值

以总电位法为例，电场计算推导如下：将方程式（2 – 19）中对区域 Ω 和边界 Γ_∞ 的积分分解为对各四面体单元 e 和 Γ_e 的积分之和。设四面体单元 e 的四个角点的编号为 1、2、3、4，如图 2 – 8 所示，$u_i(i = 1, 2, 3, 4)$ 是单元中 4 个节点的电位值，则四面体单元 e 内任一点 $p(x, y, z)$ 电位用这 4 个角点的电位进行线性插值近似得到：

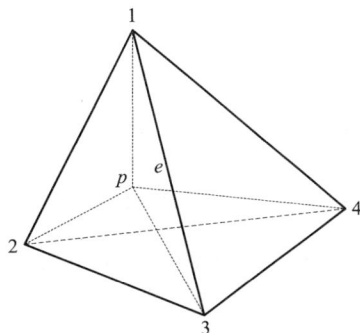

图 2 – 8　四面体单元

$$u = N_1 u_1 + N_2 u_2 + N_3 u_3 + N_4 u_4 = \sum_{i=1}^{4} N_i u_i \tag{2 - 21}$$

其中：N_i 是形函数，它是 x、y、z 的线性函数：

$$N_i = a_i x + b_i y + c_i z + d_i = \frac{V_i}{V} \tag{2 - 22}$$

这里，V 是四面体单元体积，V_i 是插值点 $p(x, y, z)$ 与四面体其他 3 个角点（$j = 1$, 2, 3, 4, $j \neq i$）所组成的四面体体积（图 2 – 8），a_i、b_i、c_i、$d_i (i = 1, 2, 3, 4)$ 是与四面体单元顶点坐标有关的常数。下面，以 $V_{p234}(V_1)$ 为例，推导各系数的显性表达式：

$$V = \frac{1}{6} \begin{vmatrix} x_1 & y_1 & z_1 & 1 \\ x_2 & y_2 & z_2 & 1 \\ x_3 & y_3 & z_3 & 1 \\ x_4 & y_4 & z_4 & 1 \end{vmatrix}, \quad V_{p234} = V_1 = \frac{1}{6} \begin{vmatrix} x & y & z & 1 \\ x_2 & y_2 & z_2 & 1 \\ x_3 & y_3 & z_3 & 1 \\ x_4 & y_4 & z_4 & 1 \end{vmatrix}$$

$$a_1 = \begin{vmatrix} y_2 & z_2 & 1 \\ y_3 & z_3 & 1 \\ y_4 & z_4 & 1 \end{vmatrix}, \quad b_1 = -\begin{vmatrix} x_2 & z_2 & 1 \\ x_3 & z_3 & 1 \\ x_4 & z_4 & 1 \end{vmatrix}, \quad c_1 = \begin{vmatrix} x_2 & y_2 & 1 \\ x_3 & y_3 & 1 \\ x_4 & y_4 & 1 \end{vmatrix}, \quad d_1 = -\begin{vmatrix} x_2 & y_2 & z_2 \\ x_3 & y_3 & z_3 \\ x_4 & y_4 & z_4 \end{vmatrix}$$

同理，很容易得出：

$$a_2 = -\begin{vmatrix} y_1 & z_1 & 1 \\ y_3 & z_3 & 1 \\ y_4 & z_4 & 1 \end{vmatrix}, \quad b_2 = \begin{vmatrix} x_1 & z_1 & 1 \\ x_3 & z_3 & 1 \\ x_4 & z_4 & 1 \end{vmatrix}, \quad c_2 = -\begin{vmatrix} x_1 & y_1 & 1 \\ x_3 & y_3 & 1 \\ x_4 & y_4 & 1 \end{vmatrix}, \quad d_2 = \begin{vmatrix} x_1 & y_1 & z_1 \\ x_3 & y_3 & z_3 \\ x_4 & y_4 & z_4 \end{vmatrix}$$

$$a_3 = \begin{vmatrix} y_1 & z_1 & 1 \\ y_2 & z_2 & 1 \\ y_4 & z_4 & 1 \end{vmatrix}, \quad b_3 = -\begin{vmatrix} x_1 & z_1 & 1 \\ x_2 & z_2 & 1 \\ x_4 & z_4 & 1 \end{vmatrix}, \quad c_3 = \begin{vmatrix} x_1 & y_1 & 1 \\ x_2 & y_2 & 1 \\ x_4 & y_4 & 1 \end{vmatrix}, \quad d_3 = -\begin{vmatrix} x_1 & y_1 & z_1 \\ x_2 & y_2 & z_2 \\ x_4 & y_4 & z_4 \end{vmatrix}$$

$$a_4 = - \begin{vmatrix} y_1 & z_1 & 1 \\ y_2 & z_2 & 1 \\ y_3 & z_3 & 1 \end{vmatrix}, \quad b_4 = \begin{vmatrix} x_1 & z_1 & 1 \\ x_2 & z_2 & 1 \\ x_3 & z_3 & 1 \end{vmatrix}, \quad c_4 = - \begin{vmatrix} x_1 & y_1 & 1 \\ x_2 & y_2 & 1 \\ x_3 & y_3 & 1 \end{vmatrix}, \quad d_4 = \begin{vmatrix} x_1 & y_1 & z_1 \\ x_2 & y_2 & z_2 \\ x_3 & y_3 & z_3 \end{vmatrix}$$

2.4.3 单元分析

式(2-19)等号右边第一项的单元积分

$$\int_e \frac{1}{2}\sigma\,(\nabla u)^2 \mathrm{d}\Omega = \int_e \frac{1}{2}\sigma\Big[\Big(\frac{\partial u}{\partial x}\Big)^2 + \Big(\frac{\partial u}{\partial y}\Big)^2 + \Big(\frac{\partial u}{\partial z}\Big)^2\Big]\mathrm{d}x\mathrm{d}y\mathrm{d}z$$

$$= \frac{1}{2}\sigma\int_e \Big[\Big(\frac{\partial u}{\partial x}\Big)^2 + \Big(\frac{\partial u}{\partial y}\Big)^2 + \Big(\frac{\partial u}{\partial z}\Big)^2\Big]\mathrm{d}x\mathrm{d}y\mathrm{d}z$$

$$= \frac{\sigma}{2}\boldsymbol{u}_e^{\mathrm{T}}\boldsymbol{K}_{1e}\boldsymbol{u}_e \qquad (2-23)$$

其中：$\boldsymbol{K}_{1e} = (k_{1ij})$，$k_{1ij} = k_{1ji}$，$\boldsymbol{u}_e = (u_i)^{\mathrm{T}}$，$i,j = 1,2,3,4$。

将式(2-21)、式(2-22)代入式(2-23)，得出

$$k_{1ij} = \int_e \Big[\Big(\frac{\partial \boldsymbol{N}}{\partial \boldsymbol{x}}\Big)\Big(\frac{\partial \boldsymbol{N}}{\partial \boldsymbol{x}}\Big)^{\mathrm{T}} + \Big(\frac{\partial \boldsymbol{N}}{\partial \boldsymbol{y}}\Big)\Big(\frac{\partial \boldsymbol{N}}{\partial \boldsymbol{y}}\Big)^{\mathrm{T}} + \Big(\frac{\partial \boldsymbol{N}}{\partial \boldsymbol{z}}\Big)\Big(\frac{\partial \boldsymbol{N}}{\partial \boldsymbol{z}}\Big)^{\mathrm{T}}\Big]\mathrm{d}x\mathrm{d}y\mathrm{d}z$$

$$= \frac{1}{36V}(a_i a_j + b_i b_j + c_i c_j) \qquad (2-24)$$

式(2-19)等号右边第二项的积分

$$\int_\Omega - (4\pi/\omega_A)I\delta(A)u\mathrm{d}\Omega = -u_A I \qquad (2-25)$$

只与电源点的 u_A 有关。

2.4.4 边界积分

方程式(2-19)等号右边的第三项是对 Γ_∞ 的边界积分，若单元 e 的一个面 $\overline{123}$ 落在无穷远边界上，由于无穷远边界离点源较远，可将

$$D = \cos(r,n)/r \qquad (2-26)$$

看作常数，提至积分号之外，所以式(2-19)等号右边第三项的边界积分为

$$1/2\int_{\Gamma_\infty}\sigma \cdot \cos(r,n) \cdot u^2/r\mathrm{d}\Gamma = \frac{D \cdot \sigma}{2}\int_{\Gamma_\infty}u^2\mathrm{d}\Gamma = \frac{\sigma}{2}\boldsymbol{u}_e^{\mathrm{T}}\boldsymbol{K}_{2e}\boldsymbol{u}_e \qquad (2-27)$$

其中：

$$\boldsymbol{K}_{2e} = \frac{\Delta \cdot D}{12}\begin{bmatrix} 2 & 1 & 1 & 0 \\ 1 & 2 & 1 & 0 \\ 1 & 1 & 2 & 0 \\ 0 & 0 & 0 & 0 \end{bmatrix} \qquad (2-28)$$

其中：Δ 为单元 e 在 Γ_∞ 上的三角面面积。

2.4.5　总体合成

将对式（2 – 19）各项单元积分后所得结果相加，再扩展成由全体节点组成的矩阵，进而全部单元相加，得

$$
\begin{aligned}
F(u) &= \sum F_e(u) = \sum \frac{\sigma}{2} \boldsymbol{u}_e^{\mathrm{T}} (\boldsymbol{K}_{1e} + \boldsymbol{K}_{2e}) \boldsymbol{u}_e - u_A I \\
&= \sum \frac{1}{2} \boldsymbol{u}_e^{\mathrm{T}} \boldsymbol{K}_e \boldsymbol{u}_e - u_A I = \sum \frac{1}{2} \boldsymbol{u}^{\mathrm{T}} \overline{\boldsymbol{K}_e} \boldsymbol{u} - \boldsymbol{u}^{\mathrm{T}} \boldsymbol{p} \\
&= \frac{1}{2} \boldsymbol{u}^{\mathrm{T}} \sum \overline{\boldsymbol{K}_e} \boldsymbol{u} - \boldsymbol{u}^{\mathrm{T}} \boldsymbol{p} = \frac{1}{2} \boldsymbol{u}^{\mathrm{T}} \boldsymbol{K} \boldsymbol{u} - \boldsymbol{u}^{\mathrm{T}} \boldsymbol{p}
\end{aligned}
\tag{2 – 29}
$$

其中：$\boldsymbol{u}$ 是全部节点的 u 组成的列向量；$\boldsymbol{K}_e = \sigma(\boldsymbol{K}_{1e} + \boldsymbol{K}_{2e})$，$\overline{\boldsymbol{K}_e}$ 是 $\boldsymbol{K}_e$ 的扩展矩阵，$\boldsymbol{K} = \sum \overline{\boldsymbol{K}_e}$；$\boldsymbol{p} = (0 \cdots I_A \cdots 0)^{\mathrm{T}}$，$\boldsymbol{p}$ 中只有与点源点（A）所在节点相对应的元为 I_A，其余均为零。

令式（2 – 29）的变分为 0，得线性方程组：

$$
\boldsymbol{K} \boldsymbol{u} = \boldsymbol{p}
\tag{2 – 30}
$$

解方程组，得到各节点的电位。

对于异常电位的计算，其过程与总电位计算相似，最后也归结为求解大型方程组，从而得到异常电位，将异常电位和正常电位相加即得到总电位。

2.5　网格剖分分析和系数矩阵的存储

2.5.1　网格剖分分析

在有限元正演计算中，网格剖分决定了求解的方程组系数矩阵的结构和元素分布。通常情况，有限元法正演计算得到的系数矩阵是对称、稀疏矩阵，例如图 2 – 9 所示的 5 × 5 × 5 三维剖分网格，其系数矩阵的非零元素分布如图 2 – 10 所示，非零元素个数小于 1250（125 × 10）个，若用常规的变带宽存储下三角阵，大约需要存储 3125（125 × 25）个元素。对于地 – 井、井 – 地 IP 观测，钻孔浅则几百米，深则上千米，完成正演计算需要的内存非常大。例如，对于井深 1000 m、地 – 井五方位 IP 观测、井中观测点距为 10 m、供电方位距离为 300 m 的情况，实现该模型的正演计算大致需要剖分 432000（120 × 60 × 60）个网格单元，若采用变带宽格式存储，大约需要 11.59 GB 内存，显然是无法接受的，其非零元素仅占约 16.48 MB。

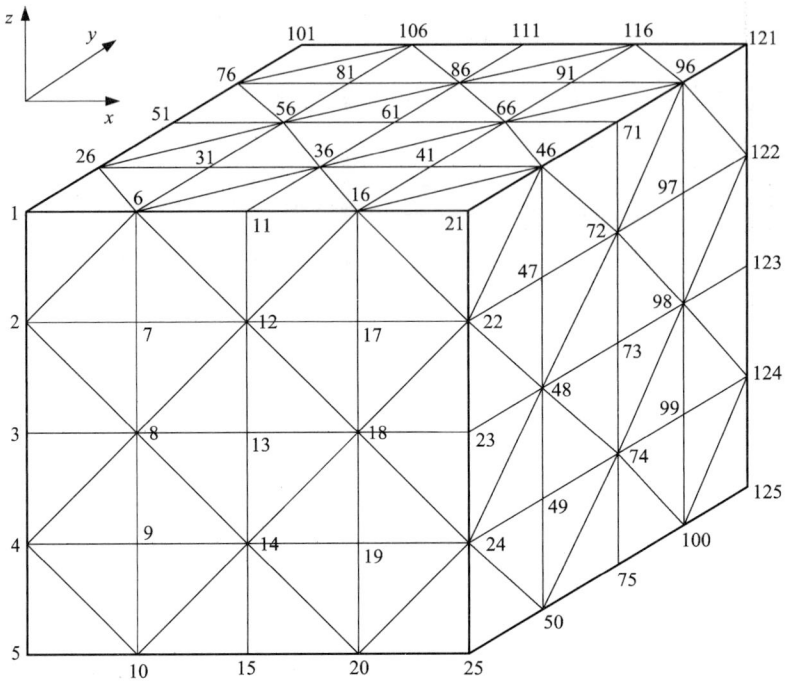

网格数：（4×4×4）×5=320；结点数：5×5×5=125

图 2 – 9　规则网四面体网格剖分

2.5.2　系数矩阵非零元素存储

行压缩存储[86]（compressed sparse row，简称 CSR）也称行索引存储，是以行为单位，顺序存储系数矩阵中的非零元素，是最流行的稀疏矩阵压缩存储方法之一，常用于有限差分法等规则稀疏矩阵的存储。从图 2 – 10 中可以看到，本书基于四面体剖分形成的系数矩阵非零元素的分布不规则，每行中非零元素个数、位置都有差异。下面在 CSR 存储方案基础上，用 MSR 方式实现有限元正演系数矩阵非零元素的压缩存储。

通常情况下，CSR 方式是用三个一维数组来存储系数矩阵的非零元素和相关信息的，具体说明见表 2 – 1。

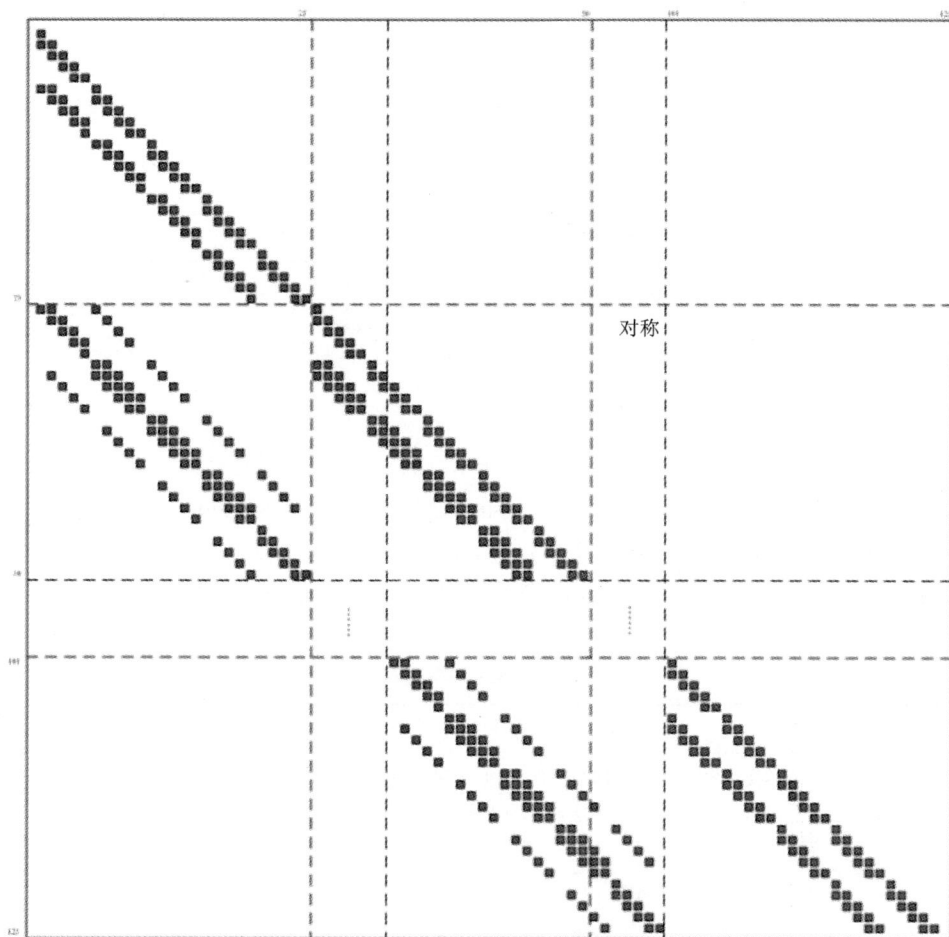

图 2 – 10　四面体网格剖分系数矩阵下三角非零元素分布

表 2 – 1　CSR 格式存储

数组	说明
AA(M)	实数数组，以行格式顺序存储系数矩阵下三角中的非零元素，M 为非零元素个数
ICOL(M)	整型数组，存储非零元素在原始稀疏矩阵中的列号，与 AA(M) 对应
IRFR(N + 1)	整型数组，N 为方程的阶数，存放每行第一个非零元素在 AA(M) 中的位置，最后一个元素是 M + 1

例如：系数矩阵

$$A = \begin{pmatrix} 2. & 1. & 3. & & \\ 1. & 4. & & 5. & 7. \\ 3. & & 6. & & \\ & 5. & & 8. & 9. \\ & 7. & & 9. & 10. \end{pmatrix} \qquad (2-31)$$

为 5×5 的对称稀疏矩阵，CSR 方式存储其下三角非零元素如下：

AA(10)	2.	1.	4.	3.	6.	5.	8.	7.	9.	10.
ICOL(10)	1	1	2	1	3	2	4	2	4	5
IRFR(6)	1	2	4	6	8	11				

在方程组的求解过程中，对角线元素的访问和运算最频繁，基于这一思路，Saad 等[86]对 CSR 存储提出改进格式，即改进的行压缩存储（modified sparse row，简称 MSR）方式，即把对角线元素提出来单独存储。改进的存储方式（MSR）仅需要两个数组：一个实型数组 AA 和一个整型数组 ICOL。具体存储说明见表 2-2。

表 2-2　MSR 格式存储

数组	说明（M 为非零元素个数；N 为方程的阶数）
AA(M+1)	实型数组，AA 数组前 N 个元素顺序存储系数矩阵主对角线元素，第 N+1 个元素为任意值；从第 N+2 个元素开始，按行存储除对角线元素之外的其他非零元素。
ICOL(M+1)	整型数组，ICOL(1)=N+2，从第 2 个到第 N 个元素存放各行第一个非零元素在 AA 中的位置，ICOL(N+1)=M+2；其他元素存放于与 AA 数组对应元素在系数矩阵中的列号。

式（2-31）中矩阵 A 用 MSR 格式存储如下：

AA(11)	2.	4.	6.	8.	10.	*	1.	3.	5.	7.	9.
ICOL(11)	7	7	8	9	10	12	1	1	2	2	4

本书中有限元正演计算形成的系数矩阵对角线元素均不为零，且容易计算获得。分析系数矩阵中非零元素的分布规律，实现地－井和井－地 IP 三维正演系数矩阵非零元素的 MSR 格式存储的 Fortran 代码如下：

```
! **********************************************************
! MSR(NY,NX,NZ,ICOL,K)
```

! 输入参数：NX、NY 和 NZ——三个方向网格节点剖分个数；

! 输出参数：ICOL(M+1)——行顺序存储的系数矩阵非零元素的列号；

!   K = M+1——M 为实际的非零元素个数；

! **

```
    SUBROUTINE  MSR(NX,NY,NZ,ICOL,K)
    INTEGER I,NX,NY,NZ,K,M,J
    INTEGER ICOL( * )
  M = NX * NY * NZ
  K = M + 1
  ICOL(1) = M + 2
  DO I = 1,NY
```

! **

!   计算 NY = 1 情况

! **

```
    IF (I = =1) THEN
      DO J = 2,NX * NZ
    ICOL(J) = K + 1
        IF (J < = NZ) THEN
            K = K + 1;ICOL(K) = J - 1
        ELSE IF (MOD(J,NZ) = = 1) THEN
            K = K + 2;ICOL(K) = J - NZ + 1;ICOL(K - 1) = J - NZ;
        ELSE IF (MOD(J,NZ) = = 0) THEN
            K = K + 2;ICOL(K) = J - 1;ICOL(K - 1) = J - NZ;
        ELSE
            K = K + 3;ICOL(K) = J - 1;ICOL(K - 1) = J - NZ + 1;ICOL(K - 2) = J - NZ;
        ENDIF
      ENDDO
    ENDIF
```

! **

!   计算 I = NY 情况

! **

```
      IF (I = = NY) THEN
    NS = (NY - 1) * NX * NZ + 1
    NE = NX * NZ * NY
      DO J = NS,NE
    ICOL(J) = K + 1
    IF (J < = NE - NZ) THEN
    IF (J = = NS) THEN
  K = K + 3;NP = J - NX * NZ;ICOL(K) = NP + NZ;ICOL(K - 1) = NP + 1;ICOL(K - 2) = NP;
```

```
ELSE IF (J < NZ + NS - 1) THEN
K = K + 4;NP = J - NX * NZ;ICOL(K) = J - 1;
ICOL(K - 1) = NP + NZ;ICOL(K - 2) = NP + 1;ICOL(K - 3) = NP;
ELSE IF (J = = NZ + NS - 1) THEN
K = K + 2;NP = J - NX * NZ;ICOL(K) = J - 1;ICOL(K - 1) = NP;
ELSE IF (MOD(J,NZ) = = 1) THEN
K = K + 4;NP = J - NX * NZ;ICOL(K) = J - NZ;
ICOL(K - 1) = NP + NZ;ICOL(K - 2) = NP + 1;ICOL(K - 3) = NP;
ELSE IF (MOD(J,NZ) = = 0) THEN
K = K + 6;NP = J - NX * NZ;ICOL(K) = J - 1;
ICOL(K - 1) = J - NZ;ICOL(K - 2) = J - NZ - 1;ICOL(K - 3) = NP;
ICOL(K - 4) = NP - 1;ICOL(K - 5) = NP - NZ;
ELSE
K = K + 8;NP = J - NX * NZ;
ICOL(K) = J - 1;ICOL(K - 1) = J - NZ;ICOL(K - 2) = J - NZ - 1;
ICOL(K - 3) = NP + NZ;
ICOL(K - 4) = NP + 1;ICOL(K - 5) = NP;ICOL(K - 6) = NP - 1;
ICOL(K - 7) = NP - NZ;
ENDIF
ELSE IF(J = = NE - NZ + 1) THEN
K = K + 2;NP = J - NX * NZ;ICOL(K) = J - NZ;ICOL(K - 1) = NP;
ELSE
K = K + 6;NP = J - NX * NZ;ICOL(K) = J - 1;
ICOL(K - 1) = J - NZ;ICOL(K - 2) = J - NZ - 1;ICOL(K - 3) = NP;
ICOL(K - 4) = NP - 1;ICOL(K - 5) = NP - NZ;
ENDIF
ENDDO
ENDIF
! ************************************************************
! 计算 1 < I < NY 情况
! ************************************************************
IF(I > 1 . AND. I < NY)THEN
NS = (I - 1) * NX * NZ + 1;NE = I * NZ * NX;
DO J = NS,NE
ICOL(J) = K + 1
IF (J < = NE - NZ) THEN
IF (J = = NS) THEN
K = K + 3;NP = J - NX * NZ;ICOL(K) = NP + NZ;ICOL(K - 1) = NP + 1;ICOL(K - 2) = NP;
ELSE IF (J < NZ + NS - 1) THEN
```

```
        K = K + 4;NP = J – NX * NZ;ICOL(K) = J – 1;
        ICOL(K – 1) = NP + NZ;ICOL(K – 2) = NP + 1;ICOL(K – 3) = NP;
        ELSE IF (J = = NZ + NS – 1) THEN
        K = K + 2;NP = J – NX * NZ;ICOL(K) = J – 1;ICOL(K – 1) = NP;
        ELSE IF (MOD(J,NZ) = = 1) THEN
        K = K + 5;NP = J – NX * NZ;ICOL(K) = J – NZ + 1;ICOL(K – 1) = J – NZ;
        ICOL(K – 2) = NP + NZ;ICOL(K – 3) = NP + 1;ICOL(K – 4) = NP;
        ELSE IF (MOD(J,NZ) = = 0) THEN
        K = K + 6;NP = J – NX * NZ;ICOL(K) = J – 1;ICOL(K – 1) = J – NZ;
    ICOL(K – 2) = J – NZ – 1;ICOL(K – 3) = NP;
        ICOL(K – 4) = NP – 1;ICOL(K – 5) = NP – NZ;
        ELSE
        K = K + 9;NP = J – NX * NZ;
        ICOL(K) = J – 1;ICOL(K – 1) = J – NZ + 1;ICOL(K – 2) = J – NZ;ICOL(K – 3) = J – NZ – 1;
        ICOL(K – 4) = NP + NZ;ICOL(K – 5) = NP + 1;ICOL(K – 6) = NP;ICOL(K – 7) = NP – 1;
        ICOL(K – 8) = NP – NZ;
        ENDIF
            ELSE IF(J = = NE – NZ + 1) THEN
        K = K + 3;NP = J – NX * NZ;ICOL(K) = J – NZ + 1;ICOL(K – 1) = J – NZ;ICOL(K – 2) = NP;
        ELSE IF(J = = NE) THEN
        K = K + 6;NP = J – NX * NZ;ICOL(K) = J – 1;ICOL(K – 1) = J – NZ;ICOL(K – 2) = J – NZ – 1;
    ICOL(K – 3) = NP;ICOL(K – 4) = NP – 1;ICOL(K – 5) = NP – NZ;
        ELSE
        K = K + 7;NP = J – NX * NZ;ICOL(K) = J – 1;ICOL(K – 1) = J – NZ + 1;
    ICOL(K – 2) = J – NZ;ICOL(K – 3) = J – NZ – 1;
        ICOL(K – 4) = NP;ICOL(K – 5) = NP – 1;ICOL(K – 6) = NP – NZ;
        ENDIF
    ENDDO
    ENDIF
        ! ***********************************************
    ICOL(M + 1) = K + 1
    ENDDO
! ***********************************************
    END
! ***********************************************
```

2.6 方程组求解

2.6.1 大型对称稀疏线性系统求解

地－井、井－地 IP 三维有限元正演计算最终归结为求解式(2－30)超大型稀疏、对称,病态的线性方程组。关于这类方程的求解国内外有较多研究,直接解法有 GS 法(高斯消元法)、奇异值分解、LDL^T 分解及其改进方法等;迭代法有 G－S 法(高斯－赛德尔迭代法)、Newton 法、共轭梯度(CG)及其改进方法[72, 86]等。其中,Saad[86],吴小平[72]等用预条件共轭梯度(PCG)法实现了快速计算,取得了较好效果。本书借鉴前人的思路,用 SSOR－PCG(symmetric successive over relaxation preconditioned conjugate gradient,简称 SSOR－PCG)法实现地－井、井－地 IP 的三维快速正演计算。

下面简单介绍 SSOR－PCG 的求解过程:

例如,求解线性方程组

$$Ax = b \qquad (2-32)$$

对于对称系数矩阵 A,可写为对角阵 D 和严格下三角阵 E 的和的形式[86]:

$$A = D - E - E^T \qquad (2-33)$$

假定 M 为 A 的预条件矩阵,则 M 的 SSOR 预条件定义如下:

$$M^{-1}Ax = M^{-1}b$$

$$M_{SSOR} = (D - \omega E)D^{-1}(D - \omega E^T) \qquad (2-34)$$

其中: $\omega(0 \leqslant \omega \leqslant 2)$ 为松弛因子。

式(2－35)为 CG 求解的整个迭代过程[86]:

$$
\begin{aligned}
&r_0 = b - Ax_0, \ z_0 = M^{-1}r_0, \ p_0 = z_0 \\
&\text{DO } j = 0,1,2,\cdots 直到收敛 \\
&\alpha_j = (r_j, z_j)/(Ap_j, p_j) \\
&x_{j+1} = x_j + \alpha_j p_j \\
&r_{j+1} = r_j - \alpha_j Ap_j \\
&z_{j+1} = M^{-1}r_{j+1} \\
&\beta_j = (r_{j+1}, z_{j+1})/(r_j, z_j) \\
&p_{j+1} = z_{j+1} + \beta_j p_j \\
&\text{ENDDO}
\end{aligned}
\qquad (2-35)
$$

初始解 x_0 通常取零;通过试算,松弛因子 ω 取 1.8 效果较好。

在 SSOR – PCG 求解过程中,由于预条件矩阵 M 与系数矩阵 A 具有相同的稀疏性,故同样也可采用 MSR 压缩存储。整个迭代过程只是系数矩阵非零元素的运算,计算量小,计算速度快,计算时间由原来的十几分钟缩短至现在的十几秒。

2.6.2　计算效率和计算精度

计算平台:Dell Workstation PWS650,Intel(R) Xeon(TM) CPU2.8 GHz 2.79 GHz,内存 2.00 GB。

1. 算例一

模型如图 2 – 11(a)所示,为一三层层状大地模型,第一层厚度 5 m,电阻率 50 Ω · m;第二层厚度 10 m,电阻率 100 Ω · m;第三层电阻率为 20 Ω · m。网格剖分数 39710(55 × 38 × 19)个。用异常电位法计算,SSOR – PCG 求解总耗时 13.2 s,其中解方程耗时 6.2 s,网格剖分等其他计算耗时 7.1 s。图 2 – 11(b)为三维有限元与数值滤波法计算结果的对比,最大误差为 4.35%,平均误差小于 1%。

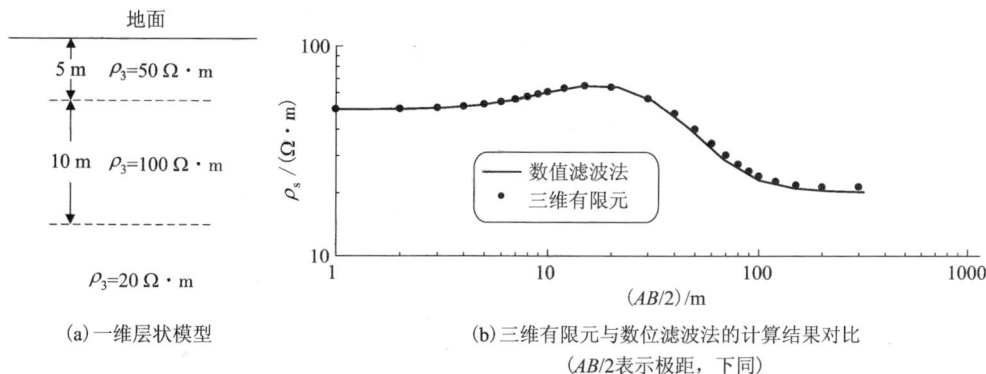

(a)一维层状模型　　　　(b)三维有限元与数位滤波法的计算结果对比
　　　　　　　　　　　　（$AB/2$ 表示极距,下同）

图 2 – 11　一维层状模型图和三维有限元与数值滤波法计算结果对比图

2. 算例二

如图 2 – 12(a)所示,90°角域二维地形,背景电阻率 $\rho = 1$ Ω · m,三维有限元计算剖分网格数 38400(80 × 30 × 16),研究区域左右边界分别取为 – 2000 m 到 2000 m,取供电电极与测量电极间距 $AM = 2$ m、6 m。用总电位法计算,SSOR – PCG 求解一次方程耗时 7.3 s,共需求解 27 次方程,网格剖分等其他计算耗时 7.8 s,总计算时间 $T = 7.3 \times 27 + 7.8 = 204.9$ s。图 2 – 12(b)为二极装置解析计算结果与有限元计算结果的对比。由此可见,除角域顶部个别点的计算误差较大外(最大误差为 4.15%),其余各点的误差都比较小(小于 2%)。

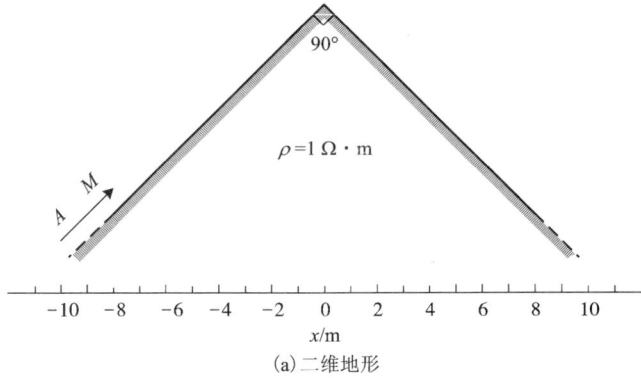

(a)二维地形

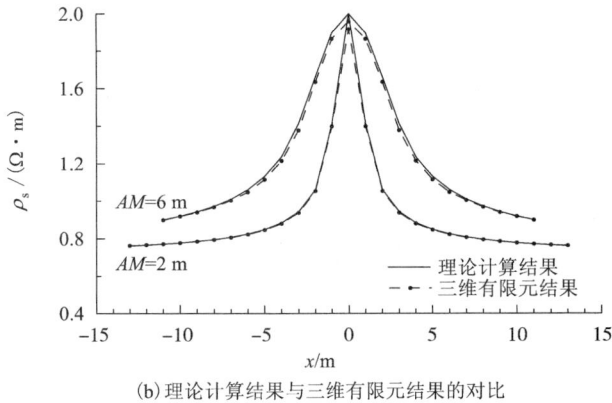

(b)理论计算结果与三维有限元结果的对比

图 2－12　二维地形图和理论计算结果与三维有限元结果对比图

3. 模型三

如图 2－13 所示，地下存在一低阻球体，采用地－井方位观测方式，即在地面 A 处供电，井中观测。其模型参数如下：$\rho_0 = 100\ \Omega \cdot m$，$\rho_1 = 10\ \Omega \cdot m$；$r = 1\ m$，$d = 2\ m$，$h = 10\ m$，$L = 10\ m$；井深 $H = 30\ m$，电位观测，点距 1 m。

表 2－3 为地－井方位观测的电位有限元数值解和解析解计算结果对比。数值解与解析解对应得非常好，最大相对误差为 0.1%，平

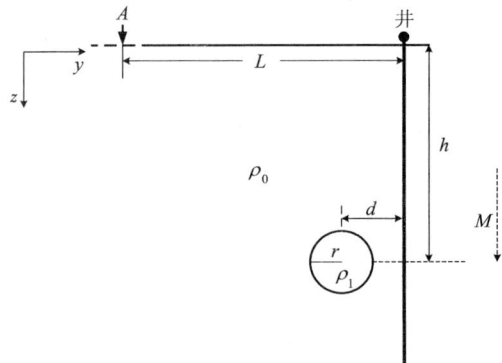

图 2－13　地井模型示意图

均相对误差为 0.042%，数值解完全满足精度要求。

表 2 – 3　有限元数值解与解析解对比

z/m	解析解	数值解	z/m	解析解	数值解
1	1.582576	1.581343	17	0.809457	0.810038
2	1.559344	1.558195	18	0.774855	0.775269
3	1.522837	1.52174	19	0.742785	0.743085
4	1.475743	1.47468	20	0.712998	0.713217
5	1.421061	1.420045	21	0.68528	0.68544
6	1.361725	1.360836	22	0.659442	0.659559
7	1.300547	1.299971	23	0.635318	0.635402
8	1.241037	1.240806	24	0.612759	0.612818
9	1.189539	1.188316	25	0.591629	0.59167
10	1.147985	1.146961	26	0.571808	0.571834
11	1.096264	1.101951	27	0.553188	0.553202
12	1.036469	1.040962	28	0.53567	0.535675
13	0.981295	0.984175	29	0.519165	0.519163
14	0.932064	0.93391	30	0.503594	0.503586
15	0.887571	0.888789	平均相对误差	0.042%	
16	0.846896	0.847726			

2.7　本章小结

1）推导了三维复杂条件下总电位和异常电位的有限元计算方法，讨论了不同观测方式下网格剖分的方法，把四面体交叉剖分技术应用于正演计算中，推导了边界积分计算，并用地形修正公式完成起伏地形的剖分，使得网格的剖分更符合电场的分布规律，提高了计算精度。

2）分析了三维电场有限元正演形成的系数矩阵元素分布规律，并给出了用 MSR 压缩存储矩阵非零元素的 Fortran 代码，大大减少了内存消耗。

　　3）编制了三维有限元正演计算程序，并用 SSOR – PCG 迭代法求解方程，使正演计算时间由原来的十几分钟缩短到现在的几十秒，在 PC 机上实现了快速、高效的三维模拟计算。

　　4）算例计算结果表明，该正演算法是可行的，程序是正确的，正演计算速度快，计算精度也能满足正反演的要求。

第 3 章　地 – 井 IP 异常研究

地 – 井 IP 是井中激电的常用工作方式之一，是指在地面供电，井中测量的井中激发极化法，主要用来发现井旁、井底盲矿，确定其埋藏深度、方位，追踪和圈定矿化带等。在当前全国危机矿山接替资源勘查中，地 – 井 IP 在深部隐伏矿产的勘查以及老矿山的"探边摸底"等方面都有着广泛的应用，且发挥着越来越重要的作用。为此，国土资源部全国危机矿山接替资源找矿项目管理办公室把"地 – 井、井 – 地 IP 三维正反演技术"列为深部找矿的关键方法技术之一进行研究。

目前，常用的地 – 井 IP 工作方式是激电测井和地 – 井五方位观测，即在井口和井的四周不同方位布设供电电极 A，另外将负极 B 置于无穷远位置（远离钻孔），再在井中测量。观测参数有电位、电位梯度、视电阻率和视极化率等。地 – 井五方位 IP 的实际应用很广，但目前的研究成果较少，特别是针对地 – 井五方位 IP 深部探测数据的分析和解释技术相对落后，严重影响了深部找矿的勘探效果。本章正是结合地 – 井五方位 IP 探测生产和应用中的一些热点问题，系统地分析研究地 – 井五方位 IP 的异常特征，寻找快速定位盲矿体的方法，主要从以下四个方面进行分析讨论：

1）井旁不同形态异常体（盲矿体）的地 – 井五方位 IP 异常特征分析；
2）异常体位置、方位距离等变化对地 – 井五方位 IP 异常的影响分析；
3）钻孔大小、环境对地 – 井五方位 IP 异常的影响分析；
4）地形对地 – 井五方位 IP 的影响分析。

3.1　井旁不同形态异常体的地 – 井五方位 IP 异常特征分析

地 – 井五方位探测（图 3 – 1），即一个方位位于井口，其他四个方位分别在钻孔四周不同的方向，例如东、西、南和北四个方位，分别在这五个方位供电，井中观测。在矿体中相对钻孔的方位称为最佳方位，也称主方位，其相反方位称为反方位，其他两个方位为辅助方位；通常情况下，四个方位电极点到钻孔的距离（L）相等，L的大小根据地质条件和任务要求并通过实验来确定。

地－井五方位的观测主要有电位装置和梯度装置两种，实际工作中，观测、换算的参数有电位、一次场电位梯度、二次场电位梯度、视电阻率和视极化率。在本书的研究中，视电阻率 ρ_s 和视极化率 η_s 的计算公式为（图3－1）：

$$\rho_s^{MN} = k \cdot \Delta U_1^{MN} / I$$
$$k = 2\pi \cdot r_{AM} \cdot r_{AN} / (r_{AN} - r_{AM}), \quad \Delta U_1^{MN} = U_1^M - U_1^N \qquad (3-1)$$
$$\eta_s^{MN} = \Delta U_2^{MN} / \Delta U_Z^{MN} = (\Delta U_Z^{MN} - \Delta U_1^{MN}) / \Delta U_Z^{MN}$$

其中：k 为装置系数；ΔU_1^{MN}、ΔU_2^{MN}、ΔU_Z^{MN} 分别为观测电极 M、N 上的一次场、二次场和总场电位差。

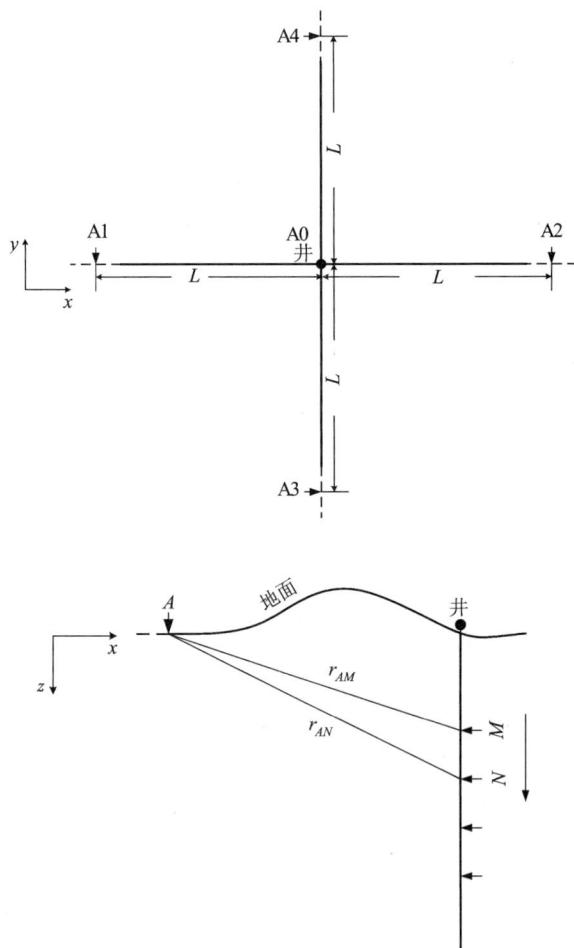

图3－1　地井五方位观测示意图

　　下面将分析研究立方体和板状体等典型形态盲矿体的地 – 井五方位异常曲线特征，寻找依据方位观测推断异常体大致位置的方法。

3.1.1　立方异常体地 – 井五方位 IP 曲线特征

　　为了便于描述和分析，以钻孔为坐标原点建立直角坐标系，除钻孔外其他四个方位分别位于 x 轴和 y 轴上，四个方位电极点到钻孔的距离(L)相等，电极在井中布设，并按一定间隔移动观测。

　　图 3 – 2 给出了立方异常体地电模型，五个方位分别编号为 A0、A1、A2、A3 和 A4。考虑常见情况：井深 500 m，方位电极距钻孔 200 m，观测点距 10 m，观测电极距 $MN = 10$ m。根据模拟准则，在正演计算中进行了等比例缩小，并计算异常体为低阻高极化和高阻高极化两种情况，其模型参数如下：

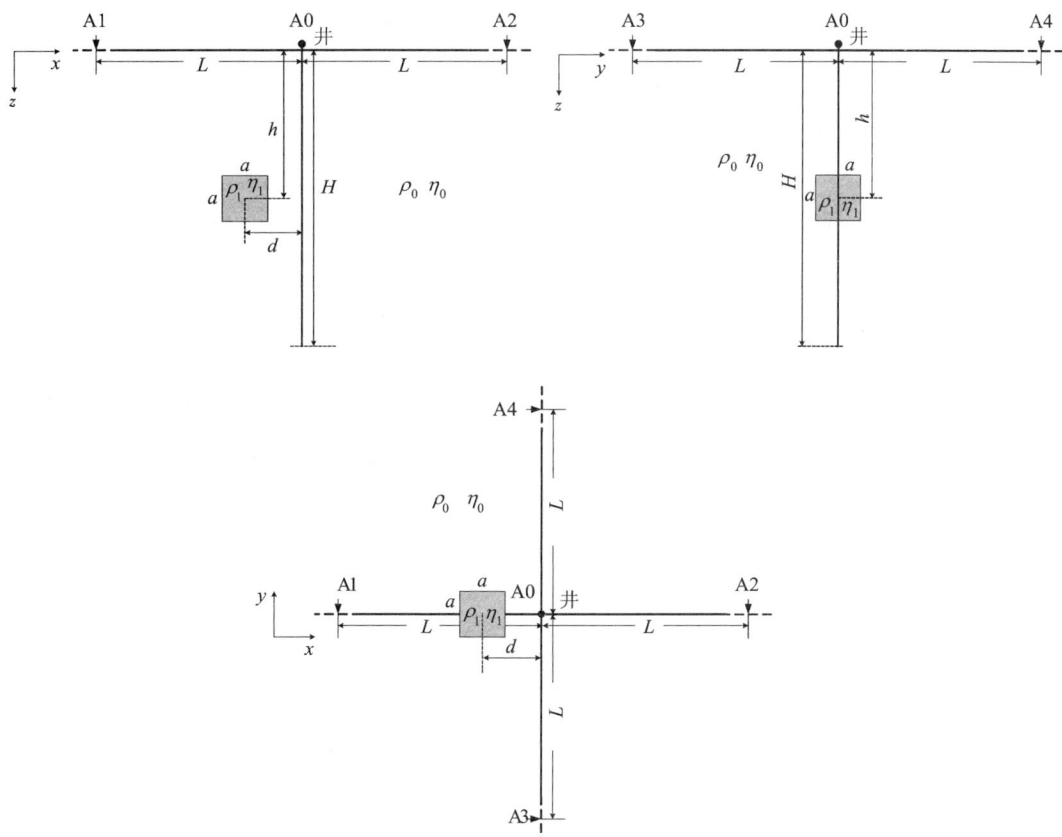

图 3 – 2　立方异常体地电模型

①低阻高极化：

$\rho_0 = 100\ \Omega \cdot m$, $\eta_0 = 0$; $\rho_1 = 10\ \Omega \cdot m$, $\eta_1 = 50\%$; $a = 4\ m$, $d = 4\ m$, $h = 25\ m$, $L = 20\ m$; $H = 50\ m$, $MN = 1\ m$。

②高阻高极化：

$\rho_0 = 100\ \Omega \cdot m$, $\eta_0 = 0$; $\rho_1 = 1000\ \Omega \cdot m$, $\eta_1 = 50\%$; $a = 4\ m$, $d = 4\ m$, $h = 25\ m$, $L = 20\ m$; $H = 50\ m$, $MN = 1\ m$。

有限元网格剖分数在 x、y 和 z 方向分别为 78，30 和 60，结点个数（方程组大小）为 $79 \times 31 \times 61 = 149389$ 个。计算平台[①]耗时：迭代求解一次方程需要 12 s，其他耗时 9 s，完成此地－井五方位的 IP 正演计算总共需要 $(12 \times 5 + 9) \times 2\ s = 138\ s$。考虑到观测电位大小与供电电流($I$)成正比，而观测电位梯度与观测极距($MN$)、供电电流($I$)成正比，故分别采用归一化的电位($U/I$)和归一化电位梯度$[\Delta U/(MN \cdot I)]$来表示电位和电位梯度异常。图 3－3 和图 3－4 分别为①和②情况下地－井五方位一次场归一化电位、归一化电位梯度、视电阻率和视极化率计算结果。

图 3－3 和图 3－4 的计算结果表明：电位和电位梯度对异常体的反映能力较差，而视电阻率和视极化率对异常体的反映能力较好。这主要是由于电位、电位梯度观测与供电点位置、极距有关，其观测的主要成分是正常场，而掩盖了较小的异常场；而视电阻率和视极化率是经过换算得到的，它们突出了异常场，因此对异常体的反映能力强，且观测异常与异常体的位置对应较好。

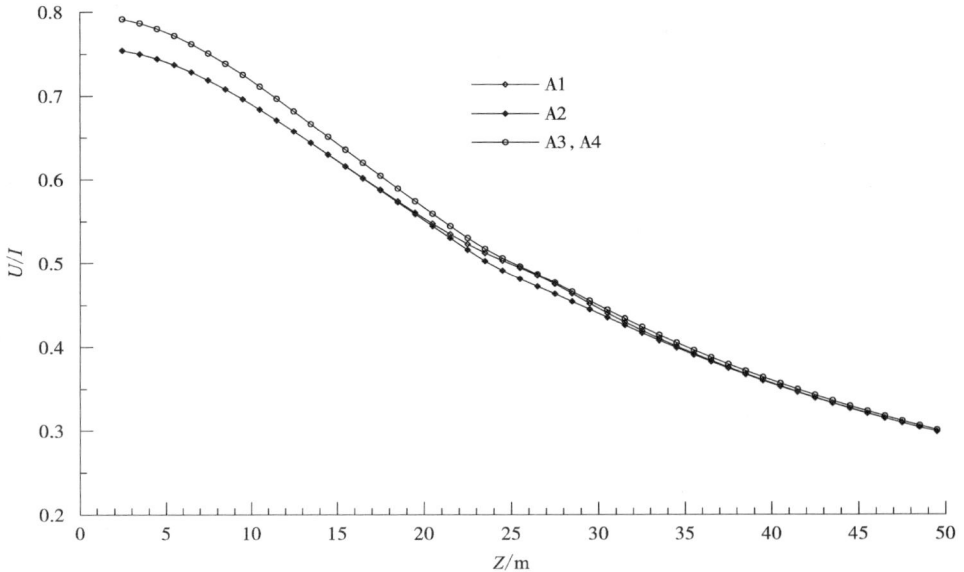

(a)归一化电位的计算结果

---

① 计算平台：Dell Workstation PWS650, Intel(R) Xeon(TM) CPU2.8 GHz 2.79 GHz, 内存 2.00 GB。

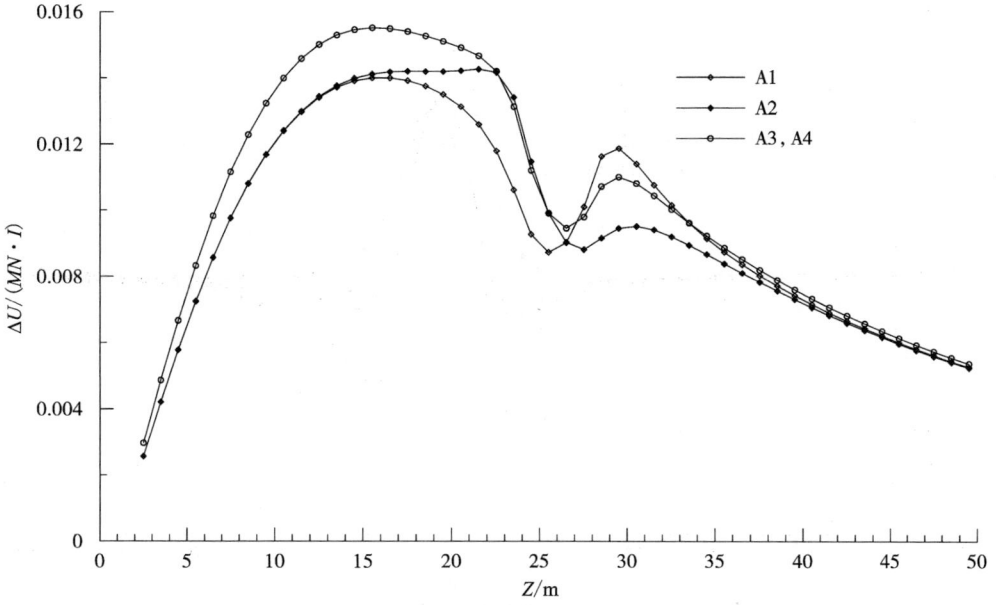

(b)归一化电位梯度的计算结果

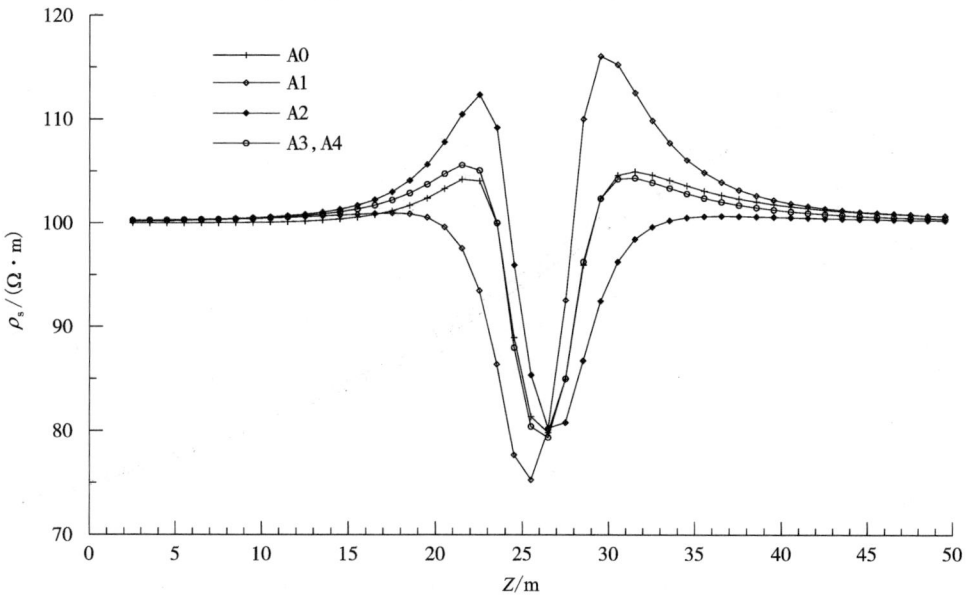

(c)视电阻率的计算结果

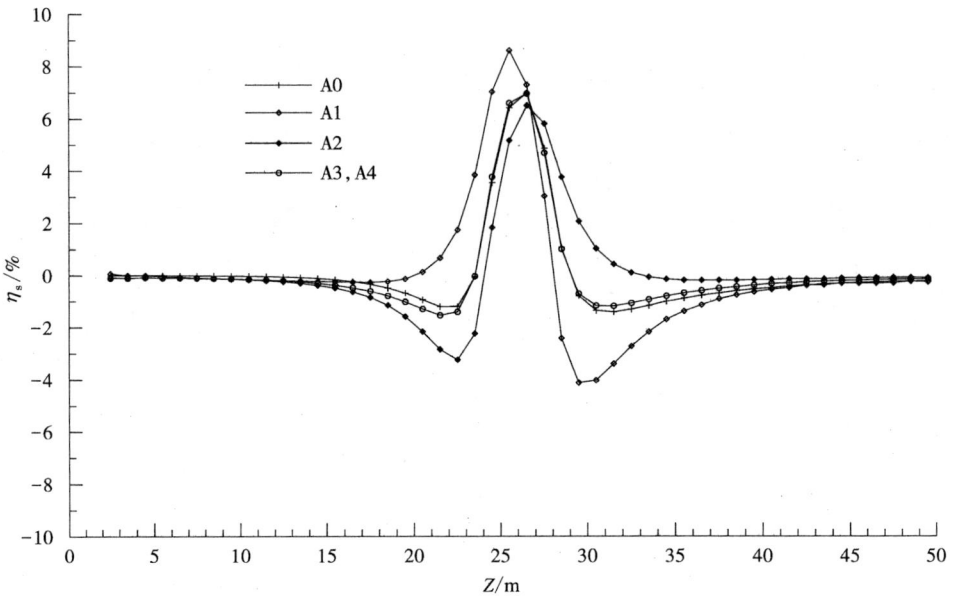

(d)视极化率的计算结果

图3-3　低阻高极化立方异常体地井五方位曲线

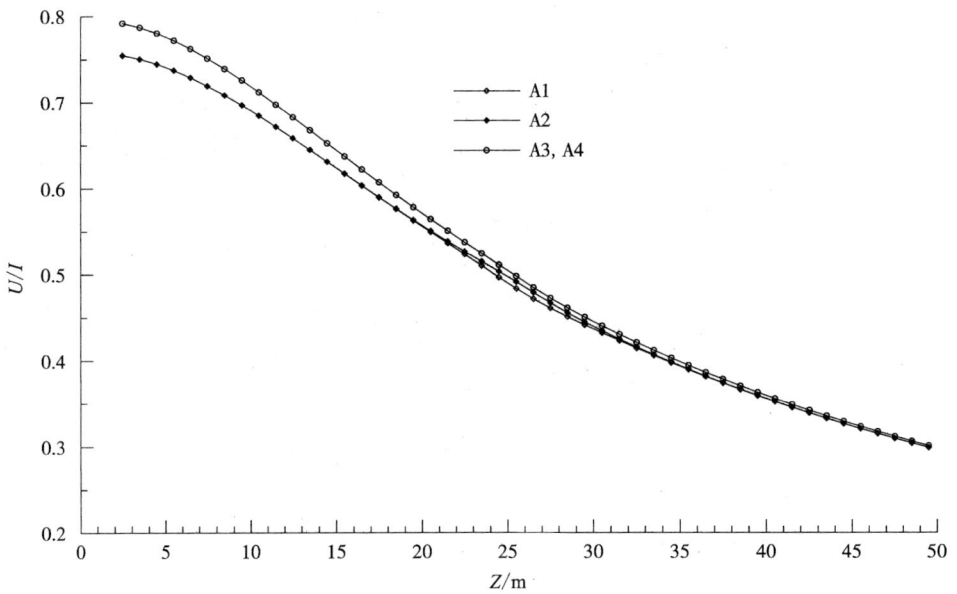

(a)归一化电位的计算结果

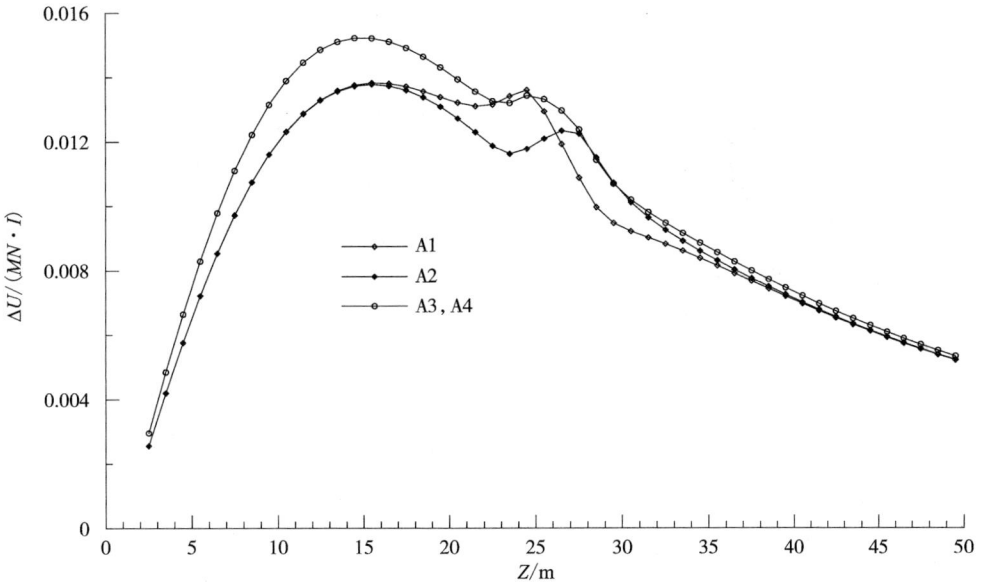

(b) 归一化电位梯度的计算结果

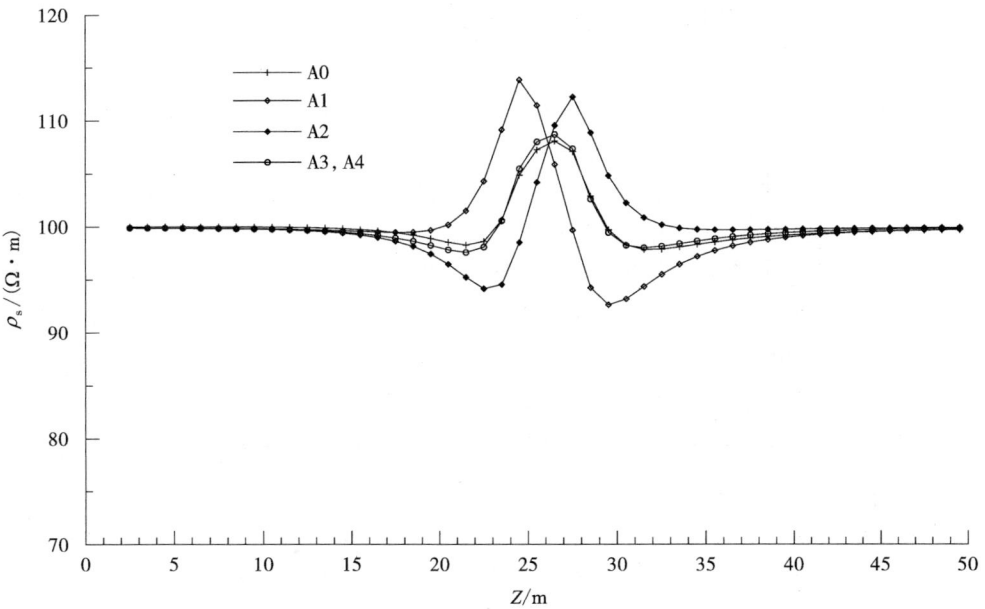

(c) 视电阻率的计算结果

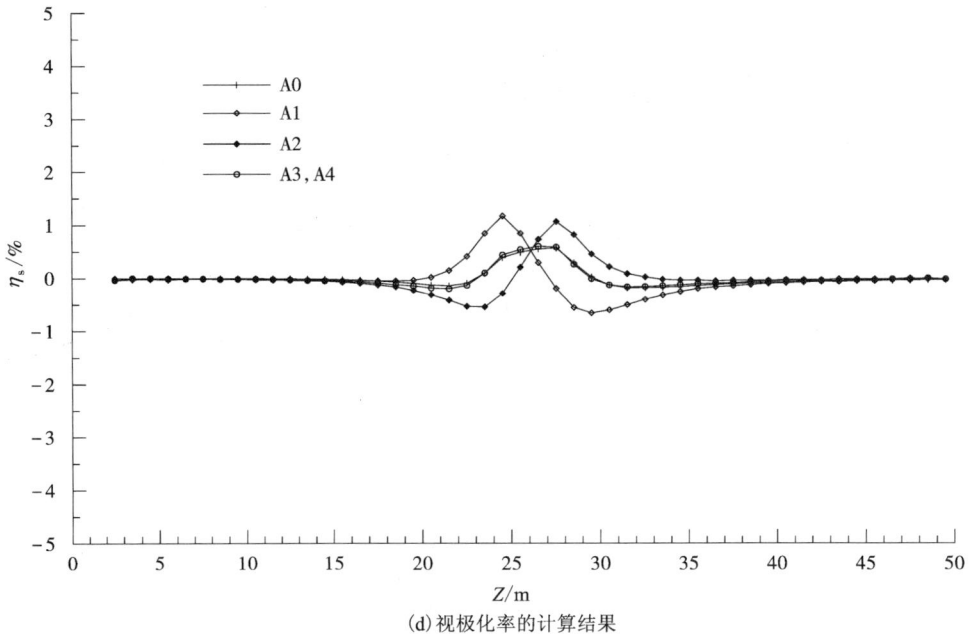

(d)视极化率的计算结果

图 3 - 4　高阻高极化立方异常体地井五方位曲线

撇开正常场，分析异常场的变化规律，有助于认识地－井方位观测的异常特征。立方异常体引起的异常场可近似等效为电偶极子场，对于地－井不同方位的观测，相当于电偶极子的方向、大小不同（如图 3 - 5 所示）。等效电偶极子的倾向与方位点至立方异常体中心的连线方向一致，方向、大小与异常体电性特征、方位点至异常体的距离等有关。对于低阻异常体，其等效的电偶极子的负电荷在上方，正电荷在下方；对于高阻异常体，其等效的电偶极子方向与低阻体情况正好相反。借助"电偶极子"场，以低阻高极化异常体为例，对地－井五方位观测的异常特征分析总结如下：

1）井口方位观测（A0）：当异常体埋深较大时，井旁异常体的影响可近似看作垂直电偶极子的影响，因此，观测曲线异常基本对称，且在异常体的中心位置附近，异常场与正常场方向相反，且数值最大，因此观测到视电阻率极小值和视极化率极大值；在异常体的上、下边界附近，异常场与正常场方向相同，出现相反的高阻、低极化异常。

2）主方位观测（A1）：井旁异常体的影响可看作倾斜电偶极子场的影响，观测曲线异常不对称，在异常体中心位置的上方，异常场与正常场方向相反，出现低阻高极化异常；在异常体中心位置附近，观测到视电阻率极小值和视极化率极大值；在异常体下边界附近，异常场与正常场方向相同，出现相反的高阻、负极化率异常极值。

3）反方位观测（A2）：异常体的影响正好与主方位情况相反，在异常体的上边界，出现高阻、负极化率异常极值；在异常体下边界附近，出现视电阻率极小值和视极化率极大值。

4）辅助方位（A3，A4）：尽管井旁异常体的影响也可看作一倾斜电偶极子场的影响，但与钻孔位置关系不同，对观测的影响等同于垂直电偶极子的影响，因此与井口方位观测具有相同的异常特征。

由此可见，图 3 - 3 的低阻异常体的计算结果很好地证实和说明了地 - 井方位观测的异常规律和特征。反过来，对于高阻异常体，其电场情况与上述低阻异常体情况刚好相反（图 3 - 4），这里不再叙述。反过来，借助"等效电偶极子"分析方法，遵循"先井口方位、后其他方位"的步骤分析地 - 井五方位的异常特征，推断解释异常体的电性特征、埋深和赋存方位等。

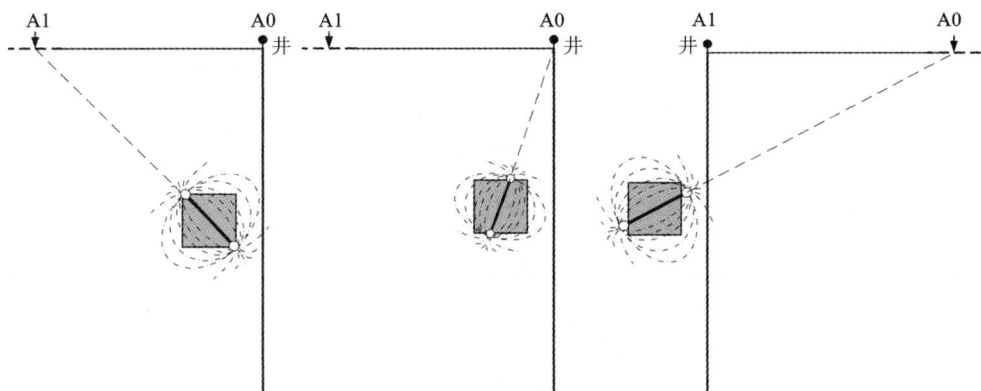

图 3 - 5　异常场影响示意图

3.1.2　板状异常体地 - 井五方位 IP 异常特征

板状体是最常见的异常体形态之一，例如，层状、脉状矿化体等。下面分别对水平、垂直和倾斜三种不同形态板状体地 - 井方位观测的异常特征进行计算分析。

1. 水平板状体

水平板状体模型如图 3 - 6 所示，同时计算低阻高极化和高阻高极化板状体两种情况，板状体大小、位置及电参数如下：

①低阻高极化板状体：

$\rho_0 = 100\ \Omega \cdot m$，$\eta_0 = 0$；$\rho_1 = 10\ \Omega \cdot m$，$\eta_1 = 50\%$；$a = 8\ m$，$b = 2\ m$，$d = 2\ m$，$h = 25\ m$，$L = 20\ m$，$H = 50\ m$；$MN = 1\ m$。

②高阻高极化板状体：

$\rho_0 = 100\ \Omega \cdot m$，$\eta_0 = 0$；$\rho_1 = 10^3\ \Omega \cdot m$，$\eta_1 = 50\%$；$a = 8\ m$，$b = 2\ m$，$d = 2\ m$，$h = 25\ m$，$L = 20\ m$，$H = 50\ m$；$MN = 1\ m$。

图 3－7、3－8 分别为①和②模型地－井五方位一次场归一化电位、归一化电位梯度、视电阻率和视极化率计算结果。

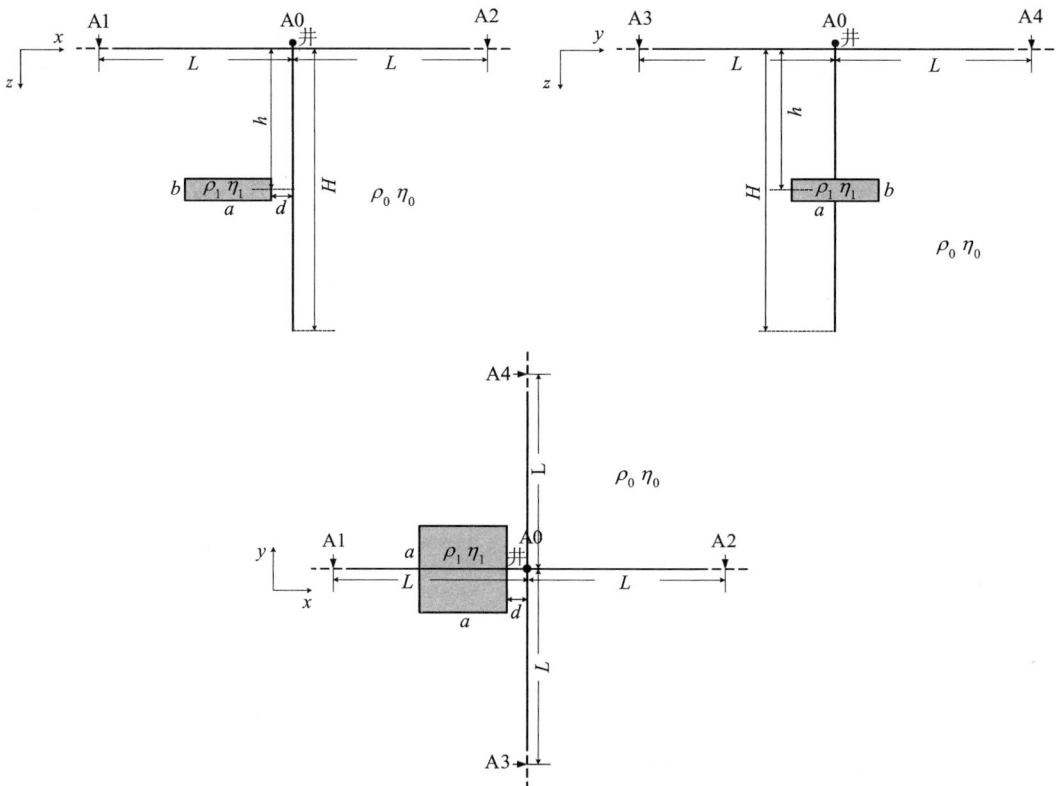

图 3－6 水平板状体地电模型示意图

对于水平板状体引起的异常场，可近似看作多个电偶极子水平组合排列共同作用的结果，但整体上仍与单个电偶极子影响相似。图 3－7、图 3－8 的计算结果也证实了这一点，可以看到，不同方位的曲线异常特征与立方异常体（图 3－3、图 3－4）的情况基本类似，可参照 3.1.1 节所述立方体异常分析方法推断异常体的电性特征、埋深和赋存方位。反过来，水平板状体和立方体异常的相似性带来了解释上的多解性。

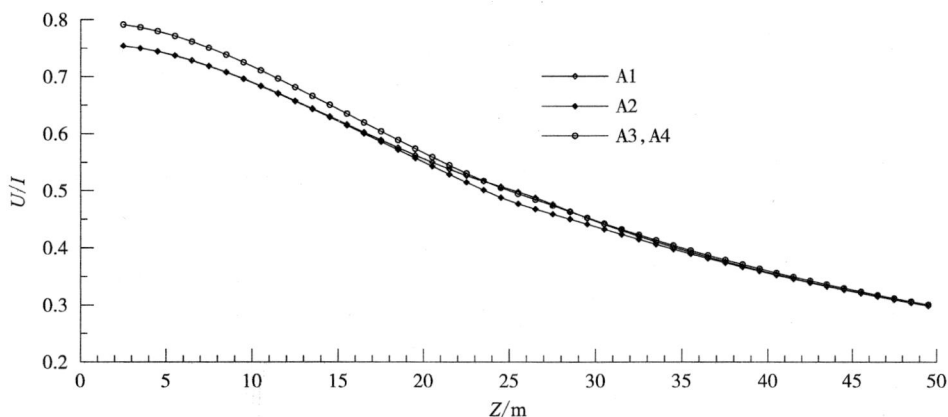

(a)归一化电位的计算结果

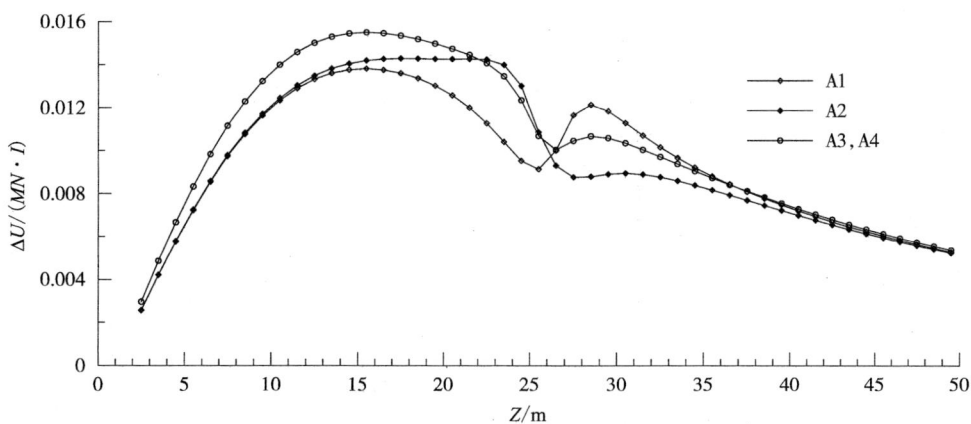

(b)归一化电位梯度的计算结果

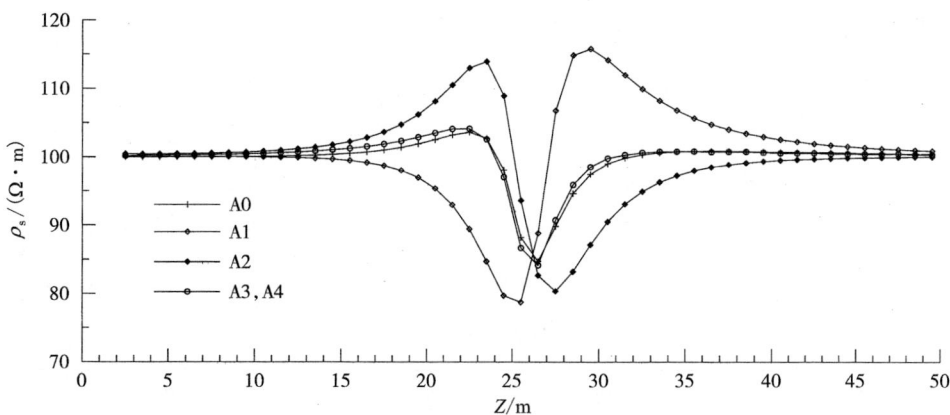

(c)视电阻率的计算结果

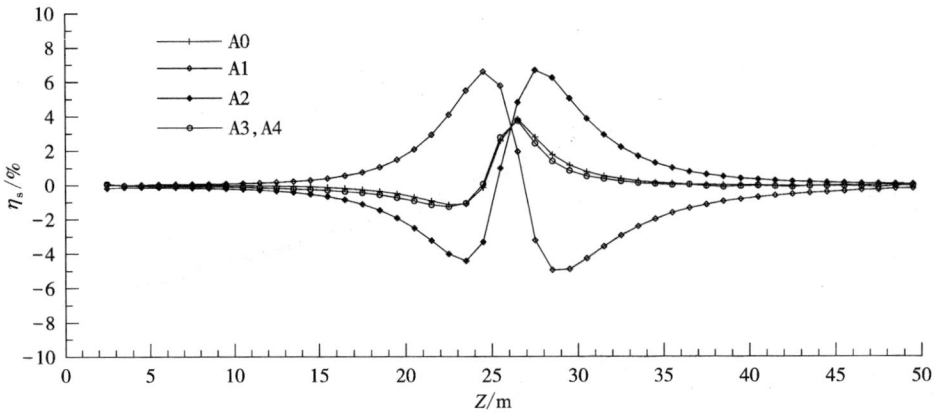

(d) 视极化率的计算结果

图 3 – 7 低阻高极化水平板状异常体地－井五方位曲线

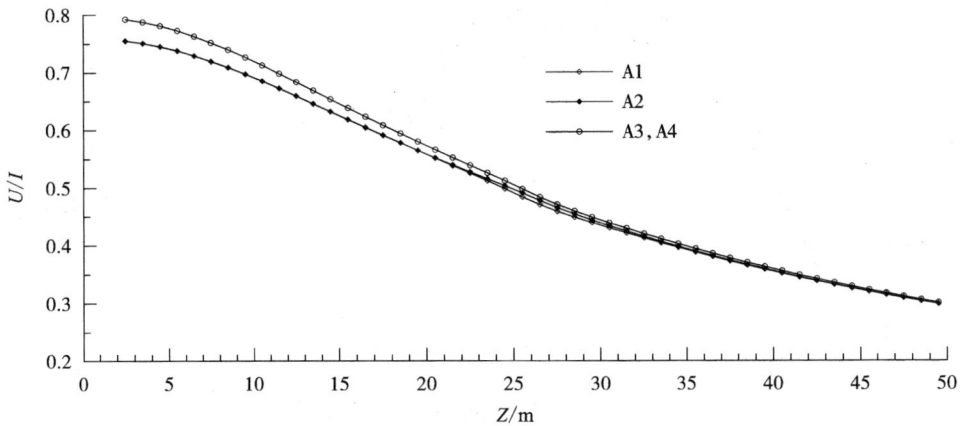

(a) 归一化电位的计算结果

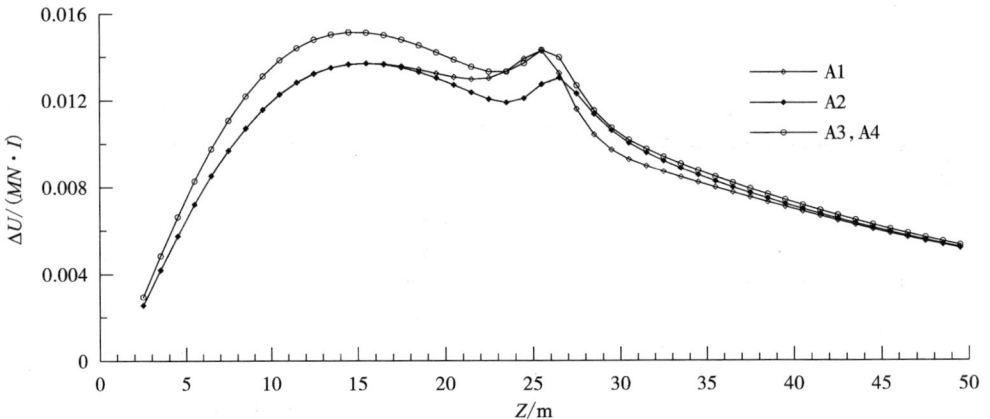

(b) 归一化电位梯度的计算结果

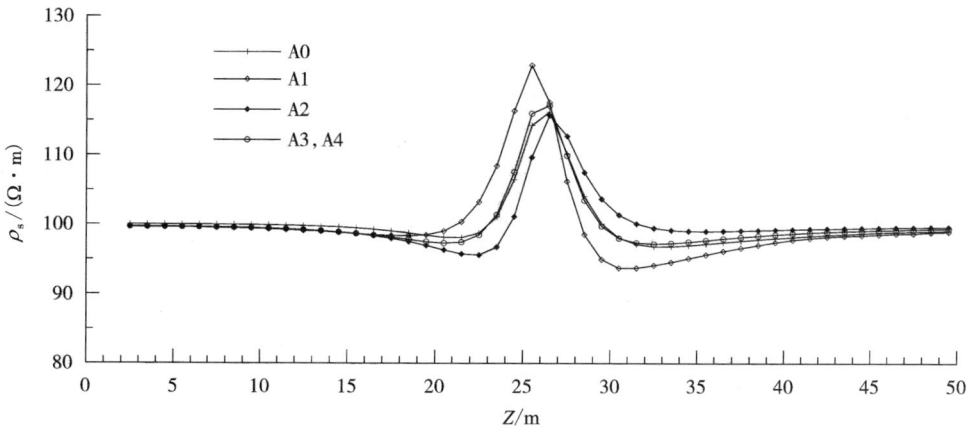

(c) 视电阻率的计算结果

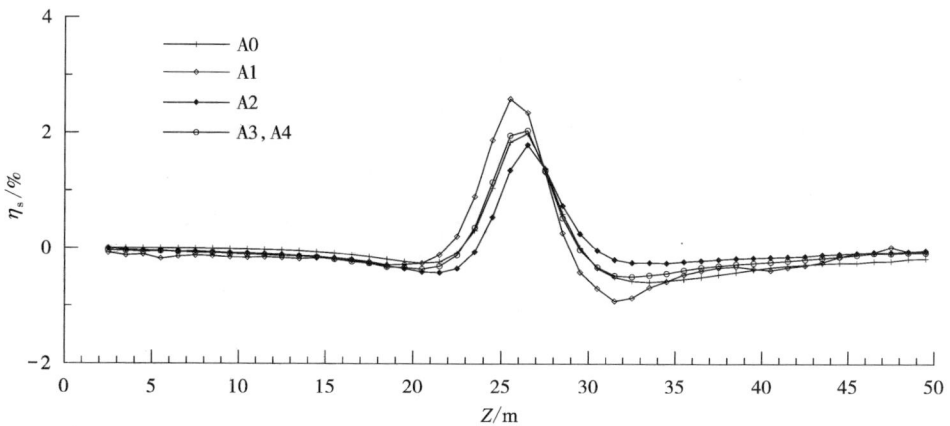

(d) 视极化率的计算结果

图 3-8　高阻高极化水平板状异常体地－井五方位曲线

2. 垂直板状体

垂直板状体模型如图 3-9 所示，同时计算低阻高极化和高阻高极化板状体两种情况，板状体大小、位置及电参数如下：

① 低阻高极化垂直板状体：

$\rho_0 = 100\ \Omega \cdot m$，$\eta_0 = 0$；$\rho_1 = 10\ \Omega \cdot m$，$\eta_1 = 50\%$；$a = 2\ m$，$b = c = 8\ m$，$h = 25\ m$，$L = 20\ m$，$H = 50\ m$；$MN = 1\ m$。

② 高阻高极化垂直板状体：

$\rho_0 = 100\ \Omega \cdot m$，$\eta_0 = 0$；$\rho_1 = 1000\ \Omega \cdot m$，$\eta_1 = 50\%$；$a = 2\ m$，$b = c = 8\ m$，$h = 25\ m$，$L = 20\ m$，$H = 50\ m$；$MN = 1\ m$。

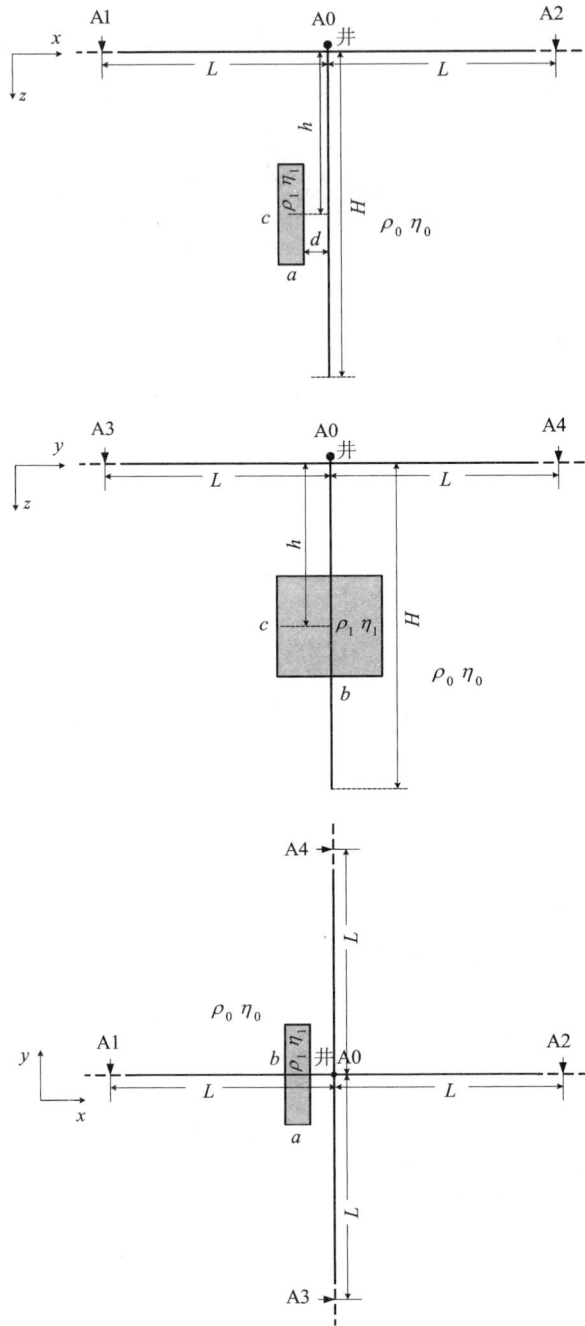

图 3－9 垂直板状体地电模型示意图

　　图 3 – 10、3 – 11 分别为①和②模型地 – 井五方位一次场归一化电位、归一化电位梯度、视电阻率和视极化率计算结果。

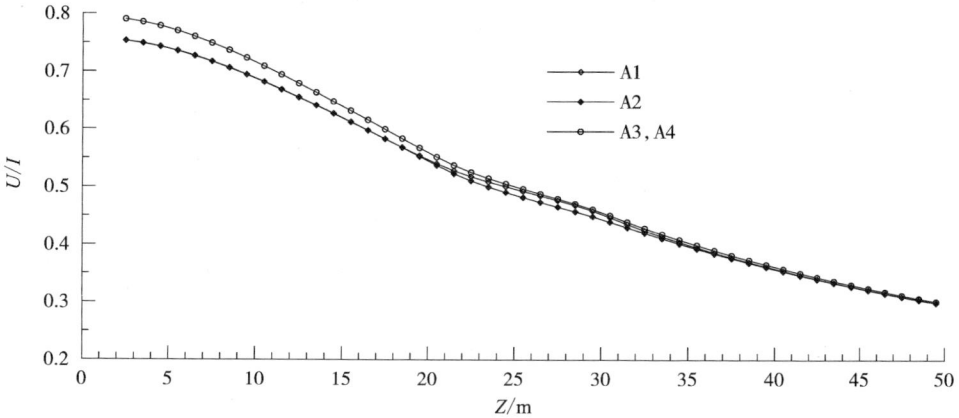

(a) 归一化电位的计算结果

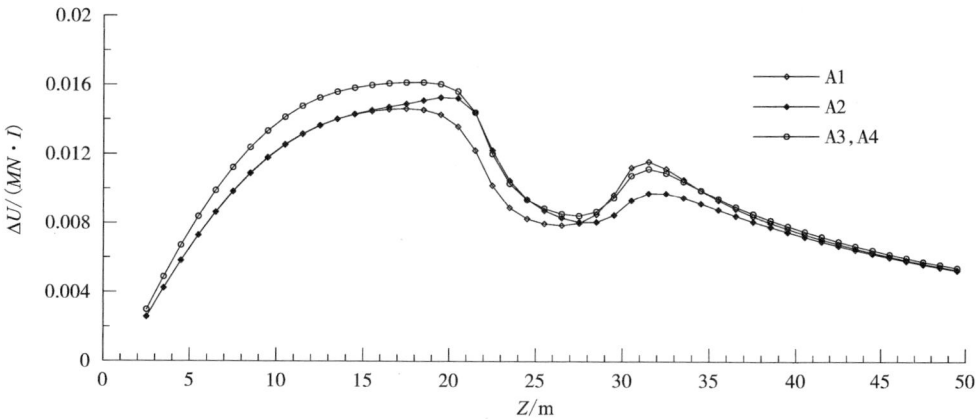

(b) 归一化电位梯度的计算结果

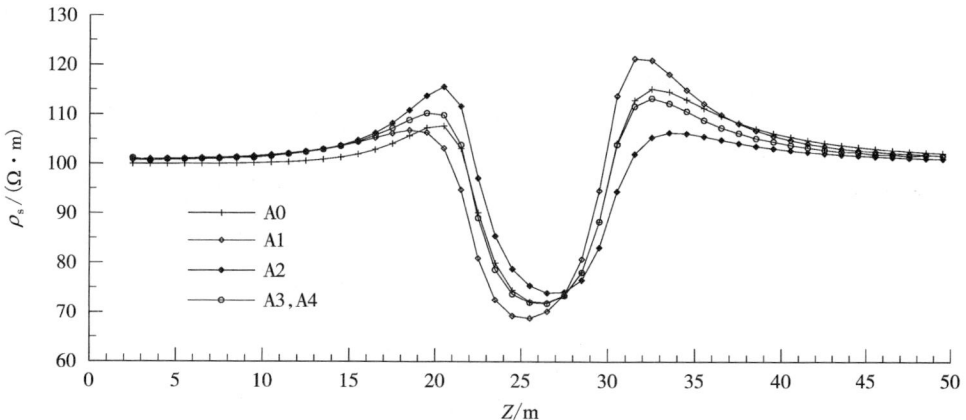

(c) 视电阻率的计算结果

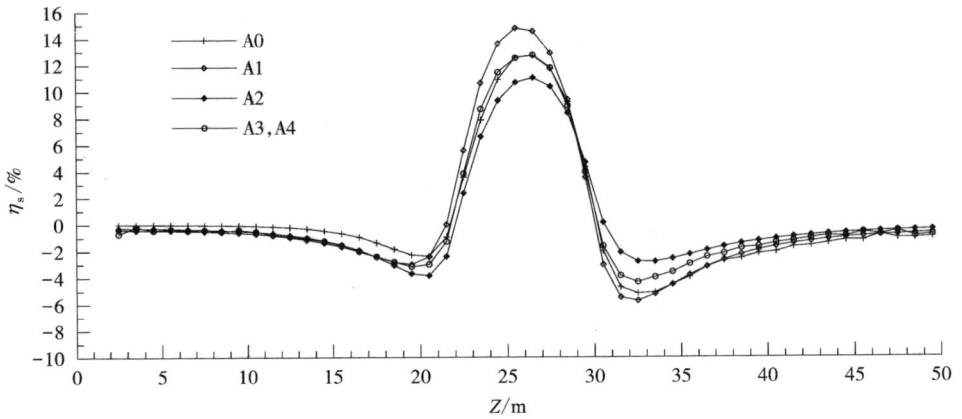

(d) 视极化率的计算结果

图 3 - 10　低阻高极化垂直板状异常体地 - 井五方位异常曲线

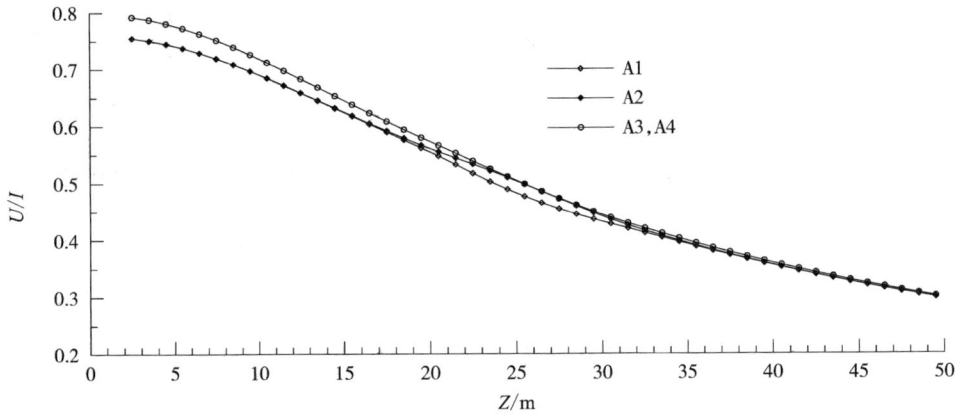

(a) 归一化电位的计算结果

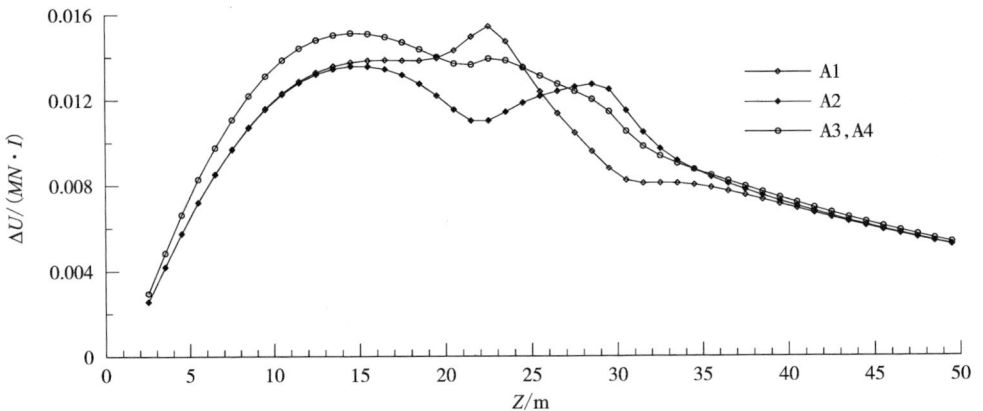

(b) 归一化电位梯度的计算结果

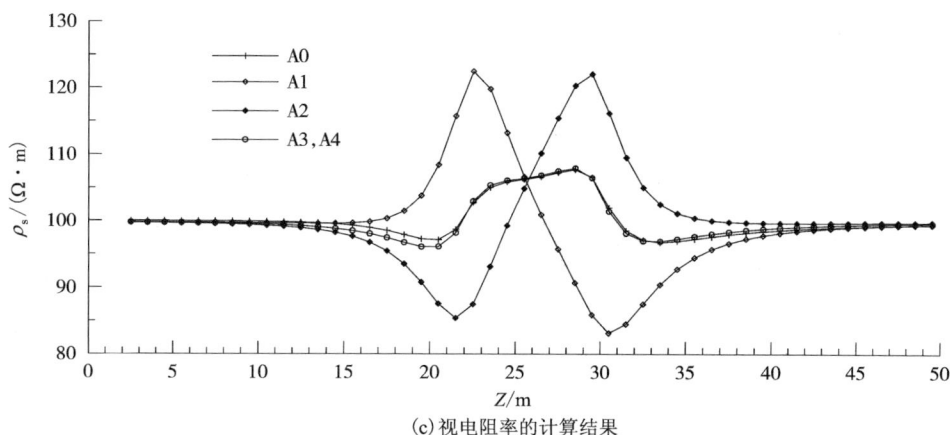

(c) 视电阻率的计算结果

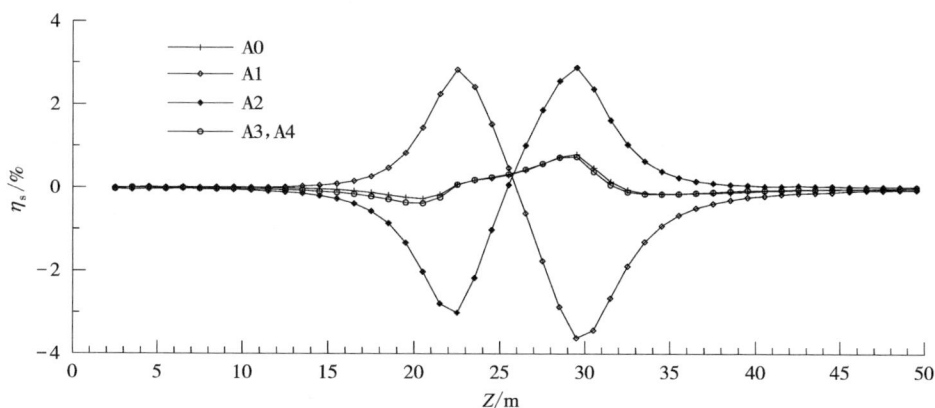

(d) 视极化率的计算结果

图 3 - 11　高阻高极化垂直板状异常体地 - 井五方位异常曲线

　　垂直板状体的影响可近似看作多个电偶极子在垂向组合的综合叠加，垂向方向上异常体延伸长，异常范围较宽；整体上，各方位观测异常特征（图 3 - 10、图 3 - 11）也与立方体（图 3 - 3、图 3 - 4）的情况类似，分析解释方法可参照进行。

3. 45°倾斜板状体

　　计算两种45°倾斜板状体模型：第一种情况，如图 3 - 12（Ⅰ）所示，板状体倾向几乎垂直于主方位点与井中观测点连线方向；第二种情况，如图 3 - 12（Ⅱ）所示，板状体倾向几乎平行于主方位点与井中观测点连线方向；同时计算低阻高极化和高阻高极化板状体情况，板状体大小、位置及电参数如下：

　　①低阻高极化板状体：

　　$\rho_0 = 100\ \Omega \cdot m$，$\eta_0 = 0$；$\rho_1 = 10\ \Omega \cdot m$，$\eta_1 = 50\%$；$a = 2\ m$，$b = 8\ m$，$c = 10\ m$，$h = 25\ m$，$L = 20\ m$，$H = 50\ m$；$MN = 1\ m$。

②高阻高极化板状体：

$\rho_0 = 100\ \Omega \cdot m$，$\eta_0 = 0$；$\rho_1 = 10^3\ \Omega \cdot m$，$\eta_1 = 50\%$；$a = 2\ m$，$b = 8\ m$，$c = 10\ m$，$h = 25\ m$，$L = 20\ m$，$H = 50\ m$；$MN = 1\ m$。

图3－13、图3－14、图3－15 和图3－16 分别为图3－12(Ⅰ)、(Ⅱ)两种模型的地－井五方位一次场归一化电位、归一化电位梯度、视电阻率和视极化率计算结果。

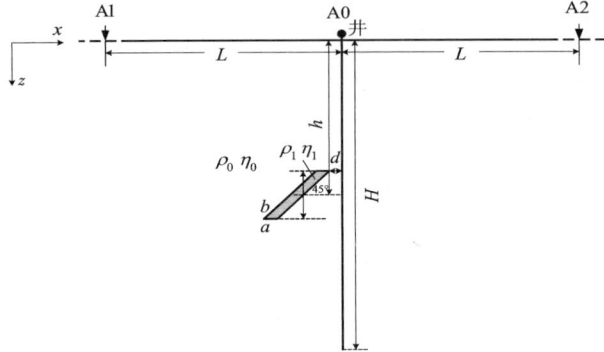

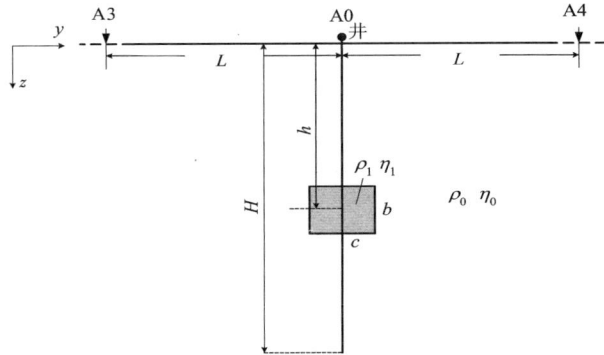

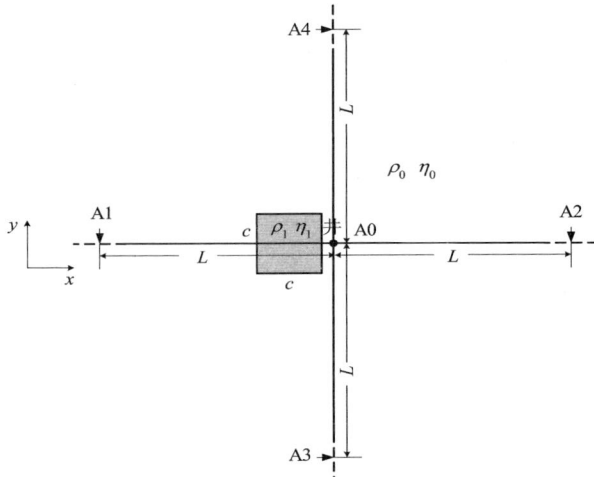

（Ⅰ）第一种情况

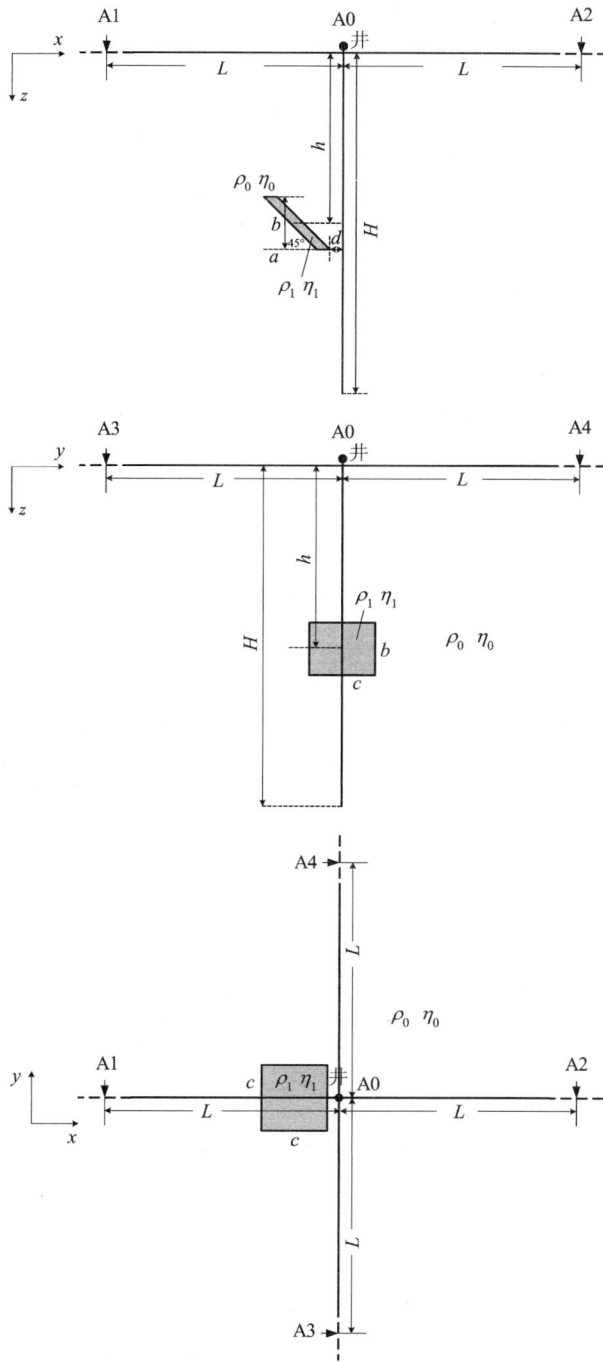

（Ⅱ）第二种情况

图 3 - 12 45°倾斜板状体地电模型示意图

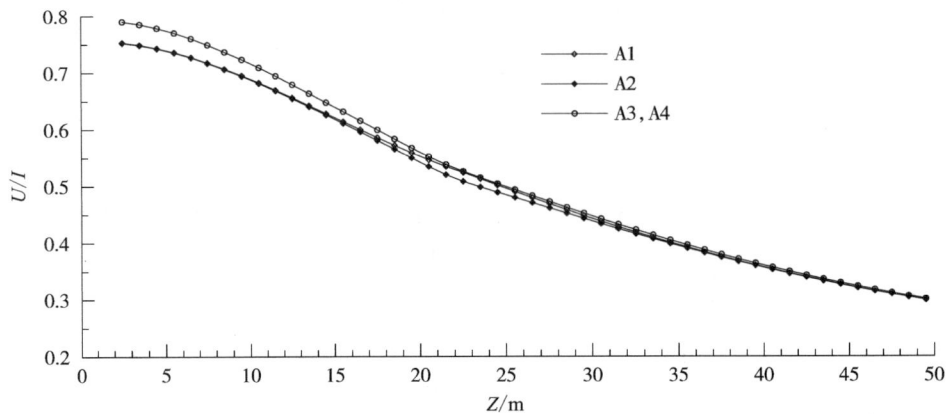

(a)归一化电位的计算结果

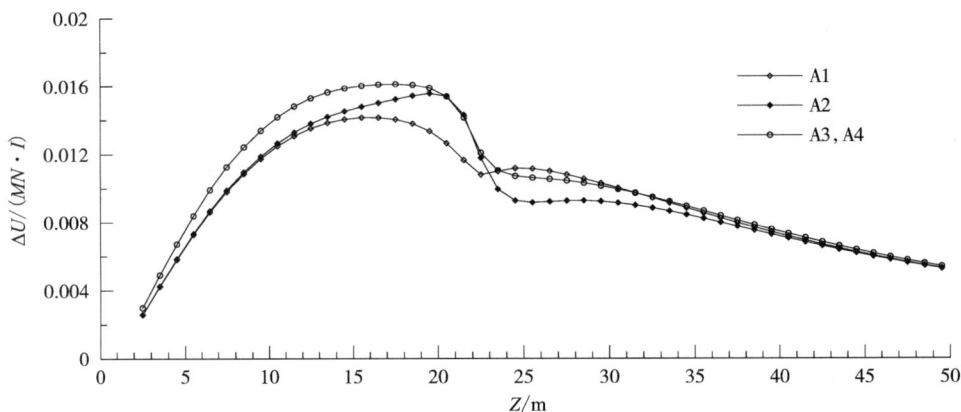

(b)归一化电位梯度的计算结果

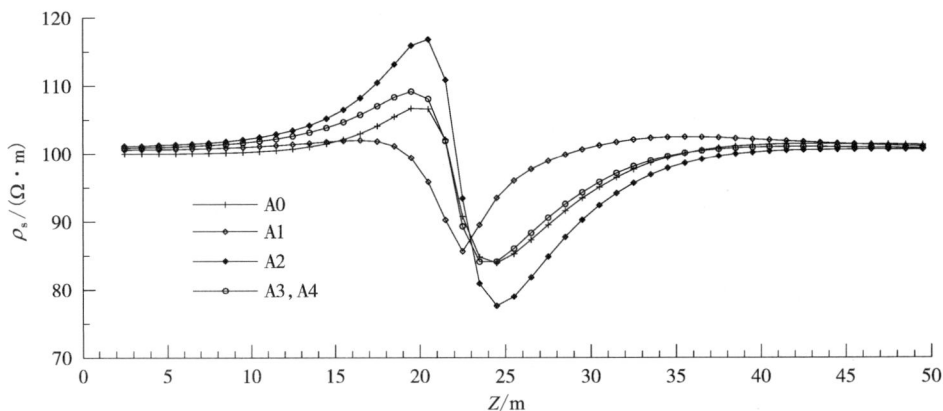

(c)视电阻率的计算结果

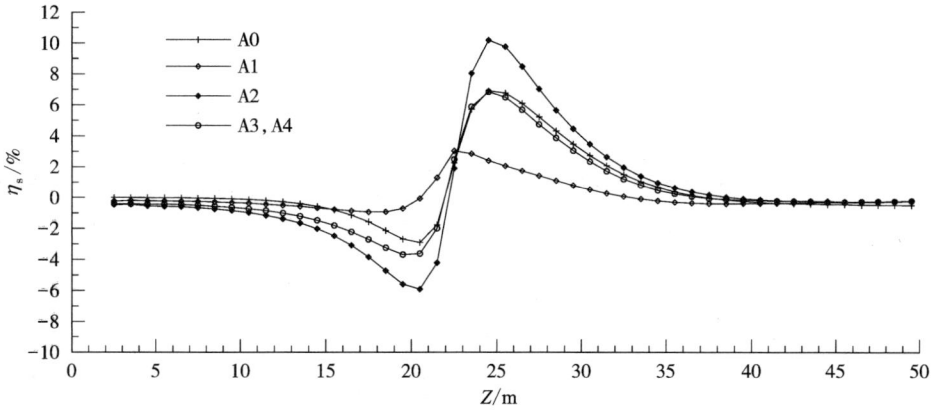

(d) 视极化率的计算结果

图 3 – 13　低阻高极化倾斜板状异常体(a)地 – 井五方位异常曲线

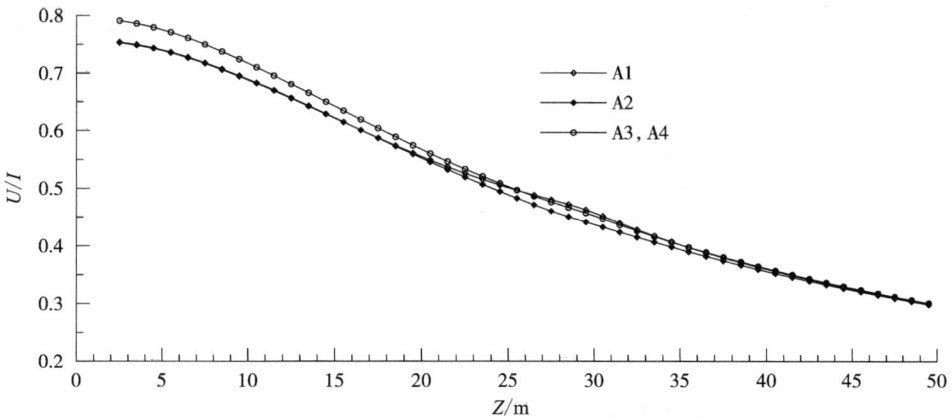

(a) 归一化电位的计算结果

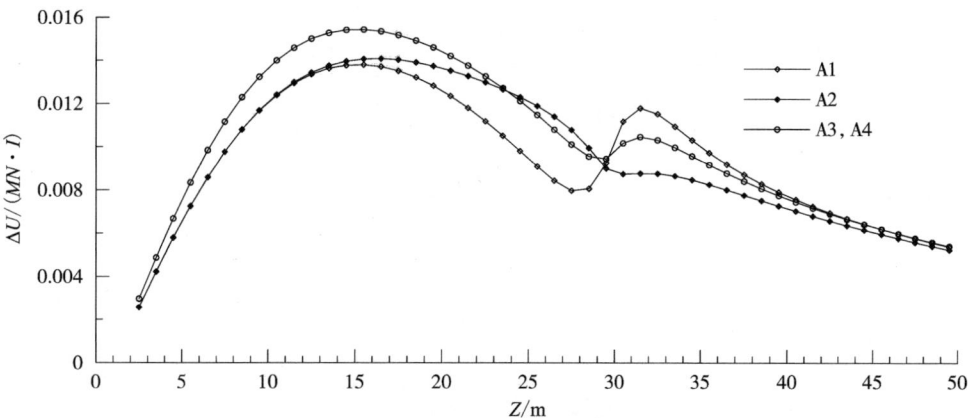

(b) 归一化电位梯度的计算结果

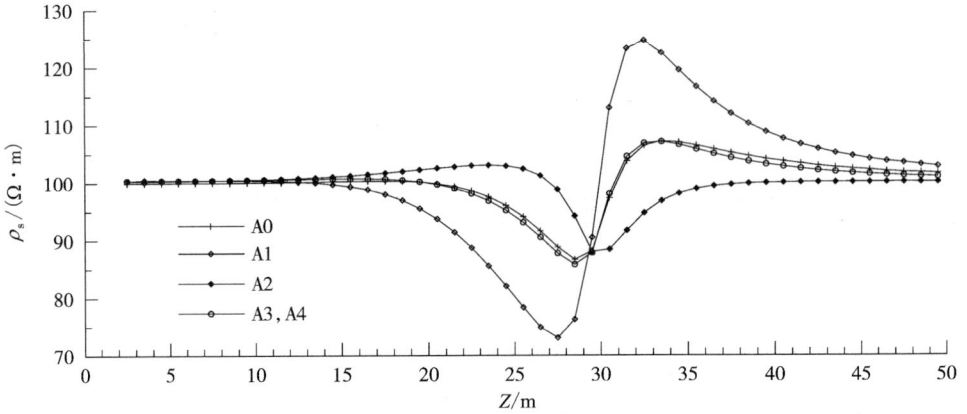

(c) 视电阻率的计算结果

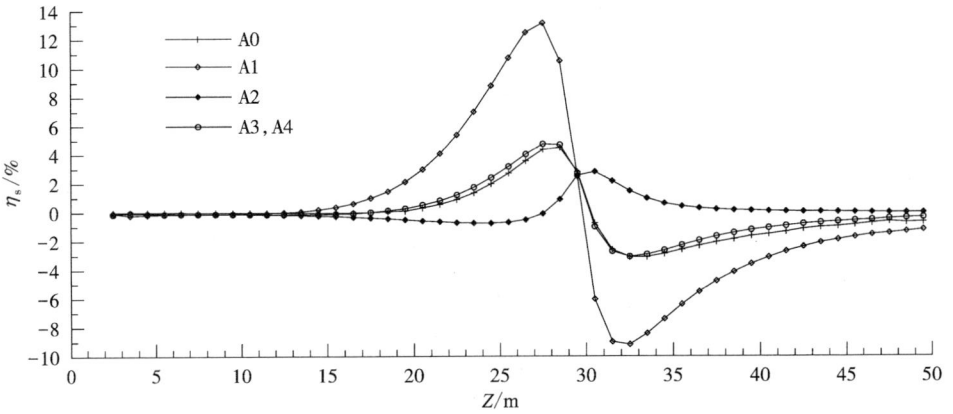

(d) 视极化率的计算结果

图 3 – 14 低阻高极化倾斜板状异常体(Ⅱ)地 – 井五方位异常曲线

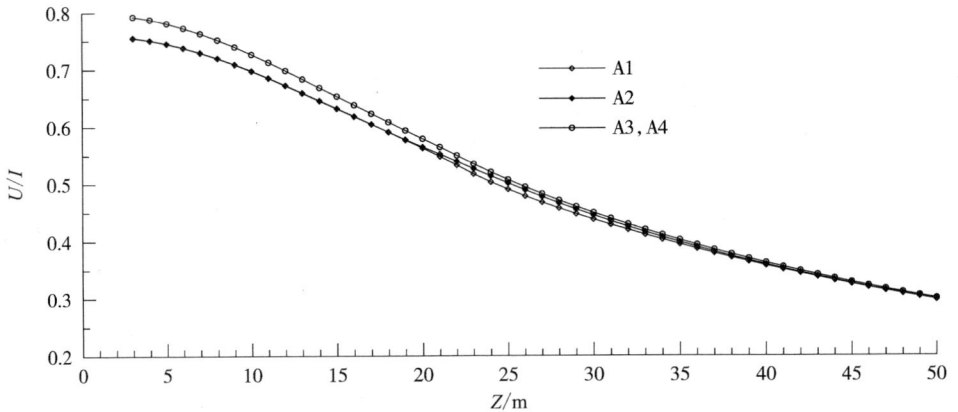

(a) 归一化电位的计算结果

(b)归一化电位梯度的计算结果

(c)视电阻率的计算结果

(d)视极化率的计算结果

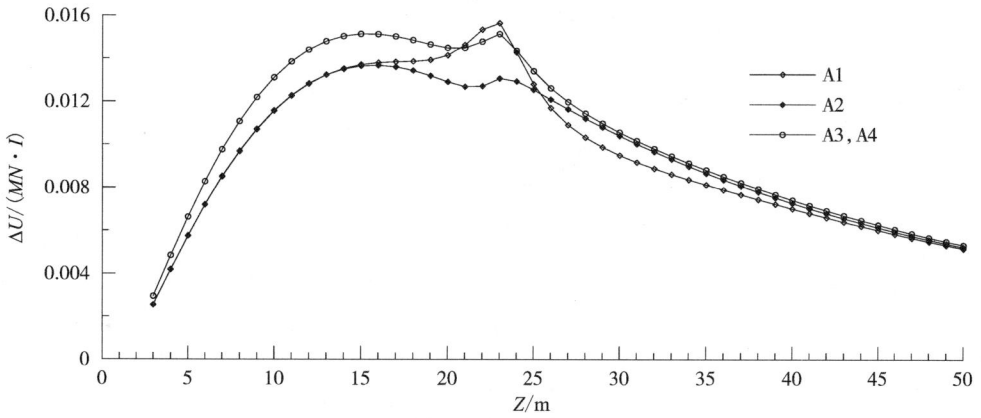

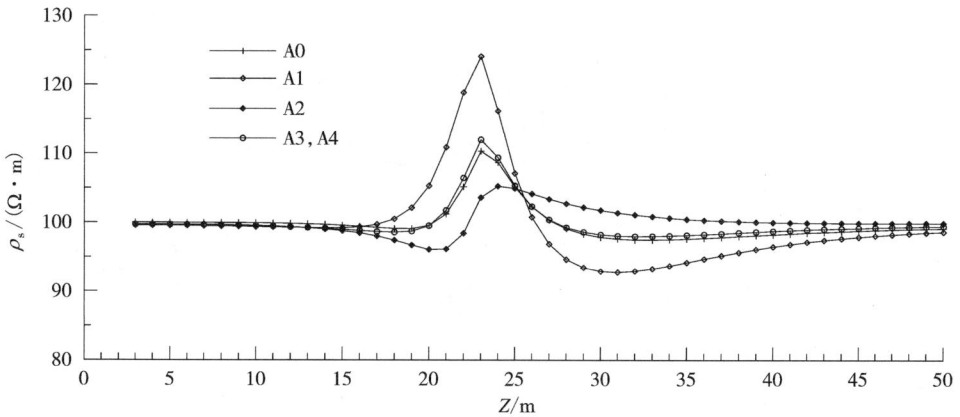

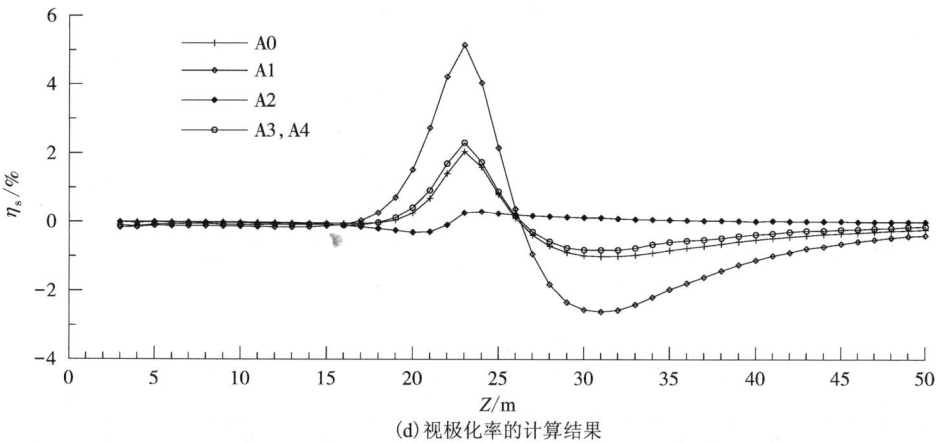

图 3 - 15　高阻高极化倾斜板状异常体(I)地 - 井五方位异常曲线

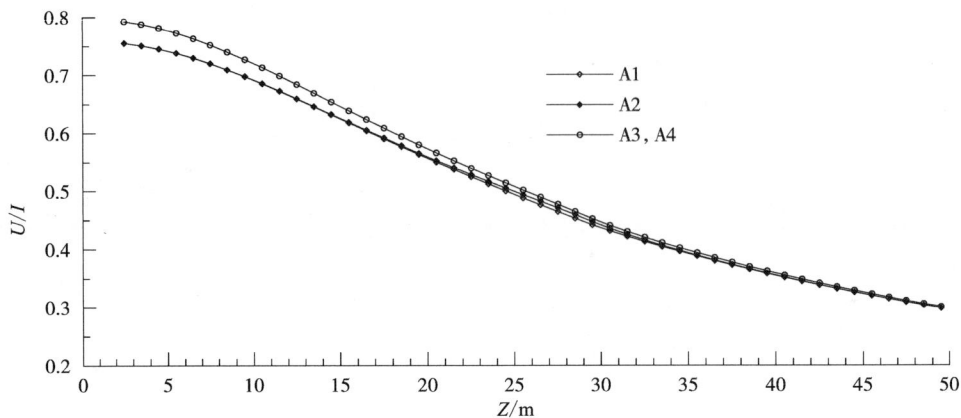

(a)归一化电位的计算结果

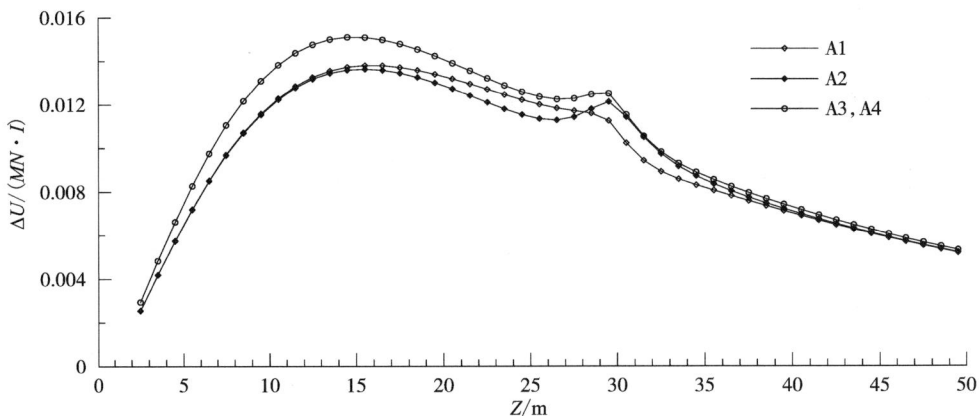

(b)归一化电位梯度的计算结果

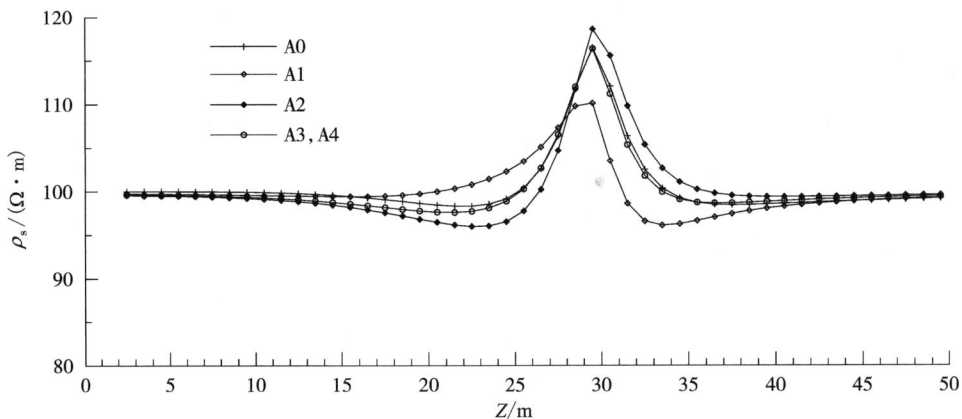

(c)视电阻率的计算结果

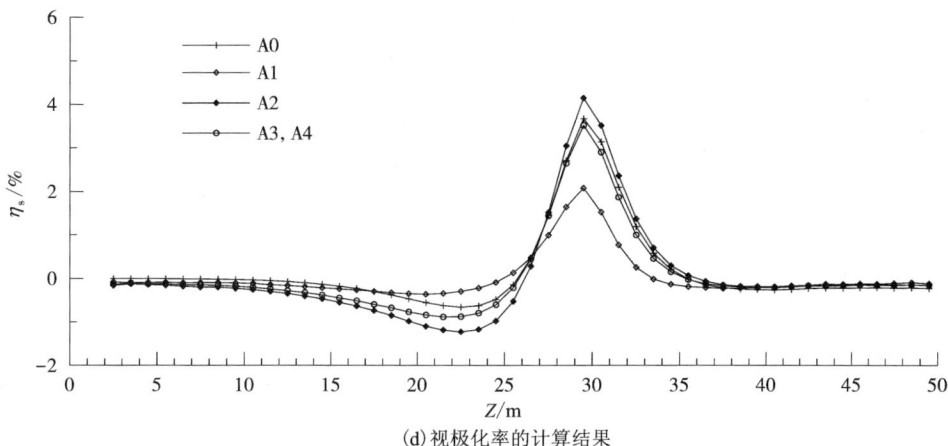

(d) 视极化率的计算结果

图 3 – 16　高阻高极化倾斜板状异常体(Ⅱ)地 – 井五方位异常曲线

　　倾斜板状体的地 – 井方位观测的异常更加复杂，当板状体的倾向与观测方位至异常体的连线方向一致时，例如图 3 – 12(Ⅰ)的反方位(A2)和图 3 – 12(Ⅱ)的主方位(A1)，异常场相当于多个"电偶极子"串联，异常叠加增强；当板状体的倾向与观测方位至异常体的连线方向不一致时，例如图 3 – 12(Ⅰ)的主方位(A1)和图 3 – 12(Ⅱ)的反方位(A2)，其影响相当于多个"电偶极子"并联，异常叠加相互干扰。对于不同倾向板状异常体，其叠加"电偶极子"的位置、倾向、大小不同，高阻和低阻异常体引起的异常场的方向也不同。图 3 – 13、图 3 – 14、图 3 – 15 和图 3 – 16 的计算结果解释了上述异常特征和异常的复杂性。由此可以看到，对于 3 – 12(Ⅰ)倾向的低阻高极化板状异常体，图 3 – 13 的结果表明主方位观测的异常幅值最小，而反方位观测的异常幅值最大；对于与 3 – 12(Ⅰ)同样大小、倾向的高阻高极化异常体，图 3 – 15 展示主方位观测的异常幅值最大，而反方位异常幅值最小。对于图 3 – 12(Ⅱ)倾向异常体，主方位和反方位异常特征正好与 3 – 12(Ⅰ)对应情况相反。异常形态上，在板状体靠近钻孔的一端附近视电阻率和视极化率异常较陡，而在较远的一端方向上异常较缓；该特征可用来判定异常体的倾向。另外，由于异常体相对钻孔的不对称，井口方位观测的曲线异常也不对称。因此，在实际工作中，可先根据井口方位的激电异常的对称情况推断异常体的倾向、大致埋深等，然后再结合其他方位的异常特征判定异常体的赋存方位，并相互印证。

3.1.3　地 – 井五方位 IP 异常特征对比分析

　　根据上述立方体、不同形态板状体的地 – 井五方位曲线异常特征，对比分析如下：

　　1) 视电阻率和视极化率对异常体的反映能力较强，而电位和电位梯度对异常体的反映能力较弱，因此，解释分析应该以视电阻率和视极化率异常分析为主。

2）同一异常体，主方位、反方位、井口方位观测的曲线异常差异明显，利用此差异，遵循"先井口，后其他方位"的分析方法可大致推断异常体的电性特征、产状、埋深和赋存方位。

3）不同形态异常体，可能得到一样或者相似的异常曲线；例如，立方体、水平和垂直板状体的同方位观测异常相似，因此单纯依靠曲线异常特征分析难以确定异常体形态。

值得说明的是，方位布设是地－井五方位探测的基础，在实际工作中，应尽量在目标体的主方位和反方位上观测，以获取更大的异常区分。另外，应充分利用已知的钻探和地质信息，充分了解目标体的赋存方位情况。

3.2 异常体位置、方位距离等变化对地－井五方位 IP 异常的影响分析

以低阻高极化立方异常体为例，分析研究异常体位置、方位距离等变化对地－井方位观测的影响规律。

3.2.1 异常体埋深变化对观测异常的影响分析

考虑两种情况（如图 3－17 所示）：第Ⅰ种情况，钻孔正好穿过异常体中心；第Ⅱ种情况，异常体在钻孔旁侧，即盲矿体。五个方位分别编号为 A0、A1、A2、A3 和 A4，分析电位梯度、视电阻率和视极化率观测曲线随异常体深度（z 方向）变化的影响。

先来计算第Ⅰ种情况，钻孔正好穿过异常体中心，计算的模型参数如下：

低阻高极化：$\rho_0 = 100\ \Omega \cdot m$，$\eta_0 = 0$；$\rho_1 = 10\ \Omega \cdot m$，$\eta_1 = 50\%$；$a = 4\ m$，$L = 20\ m$；$H = 50\ m$，$MN = 1\ m$；异常体埋深 h 由浅入深变化，图 3－18、3－19 分别为 A0 和 A1（A2，A3 和 A4）方位供电计算结果。

图 3－18 和 3－19 计算结果说明，在异常体上、下边界附近，各方位观测的电位梯度、视电阻率和视极化率都出现异常畸变。随着异常体埋深增大（异常体形态、大小等其他参数不变），观测异常形态不变，电位梯度异常幅值逐渐变小，而视电阻率和视极化率异常幅值变化不大。当异常体在井底下方，即探测井底盲矿时，在靠近井底位置也会观测到明显的异常。

计算第Ⅱ种情况，异常体在钻孔旁侧（盲矿体），A0 为井口方位、A1 为主方位，A2 为反方位，A3 和 A4 为辅助方位。模型参数如下：

$\rho_0 = 100\ \Omega \cdot m$，$\eta_0 = 0$；$\rho_1 = 10\ \Omega \cdot m$，$\eta_1 = 50\%$；$a = 4\ m$，$d = 5\ m$，$L = 20\ m$；$H = 50\ m$，$MN = 1\ m$；

$\rho_0 \quad \eta_0$

A4

L

A1　　　　　　　　　　　　　　　　　　　　A2

y

a　　　　　　a

a　ρ_1　η_1　井　A0　a

x

L　　　　　ρ_1　η_1　　　　L

d

L

A3

A1　　　　　　　　　　A0　　　　　　　　　　A2

井

x

L　　　　　　　　　　L

z

h

a　　　　　a

ρ_1　η_1　　　a

a　　　　ρ_1　η_1　　　　$\rho_0 \quad \eta_0$

d

H

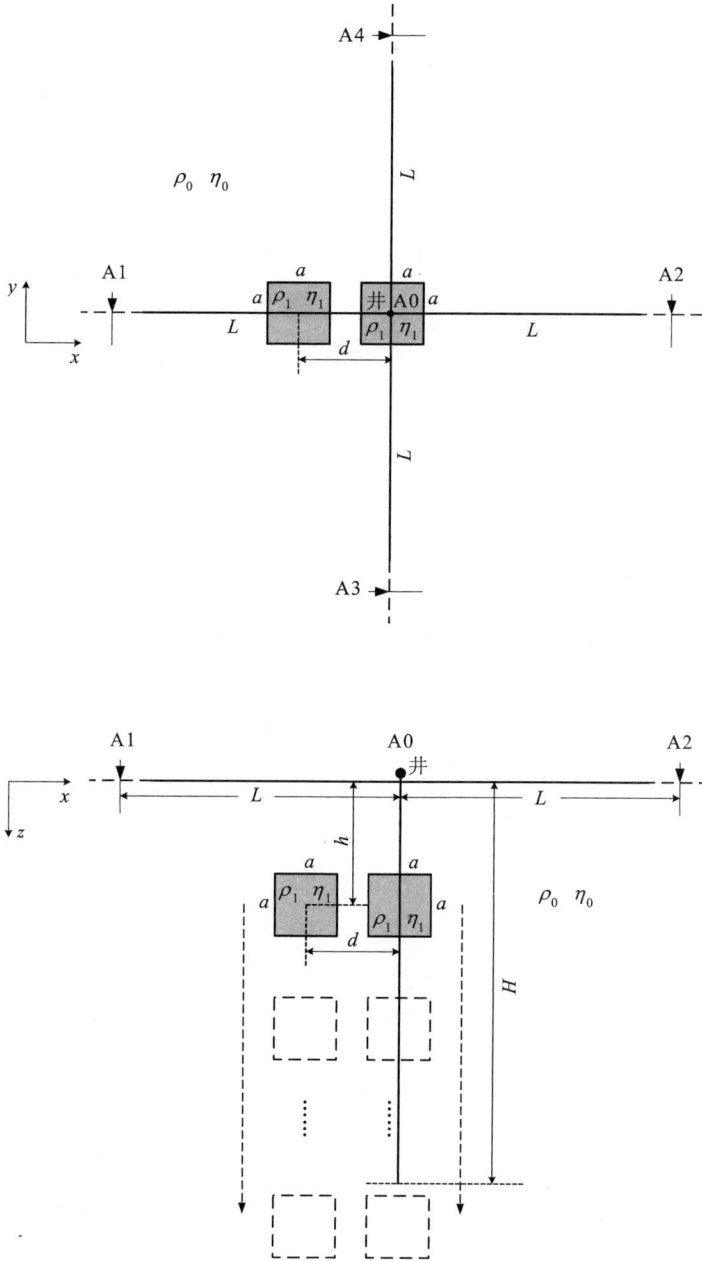

图 3－17　地电模型示意图

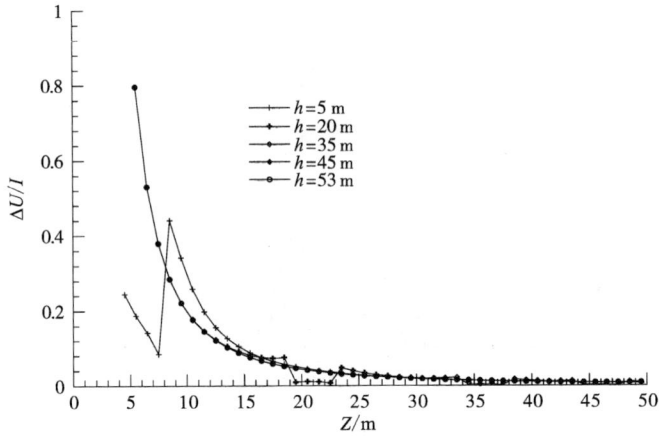

(a) 归一化电位梯度

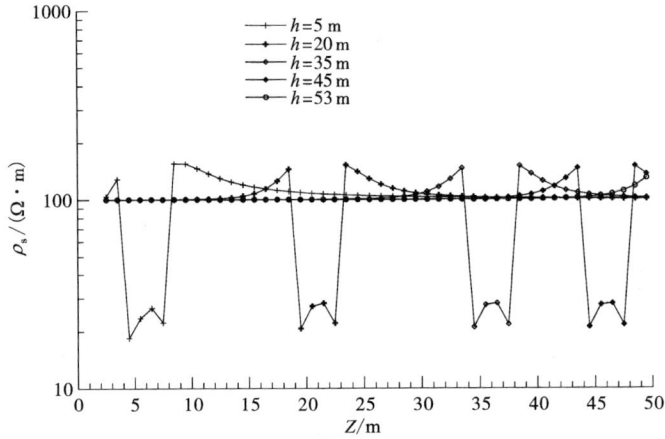

(b) 视电阻率

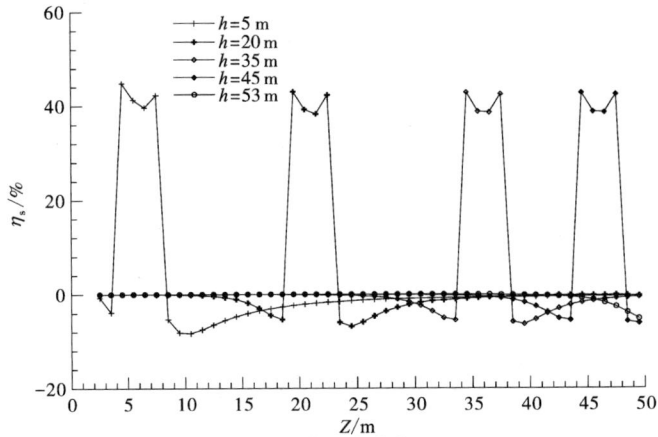

(c) 视极化率

图 3－18　A0 方位电位梯度、视电阻率和视极化率随异常体埋深变化曲线

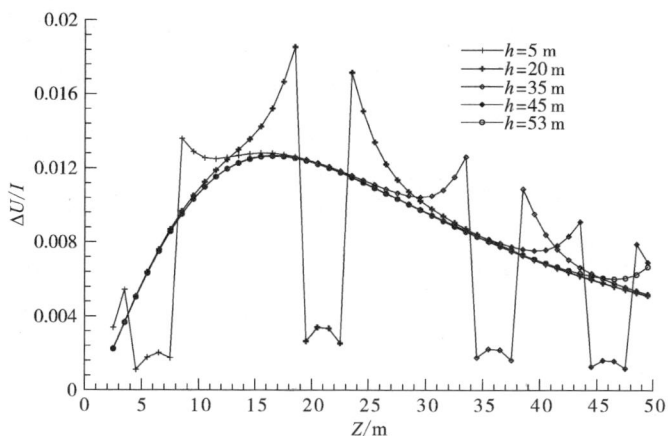

(a) 归一化电位梯度

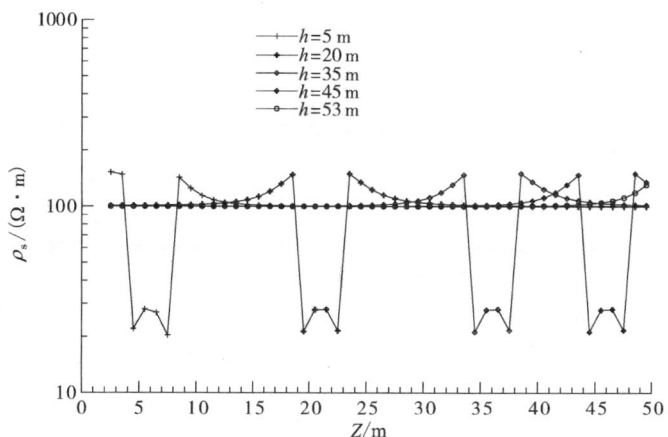

(b) 视电阻率

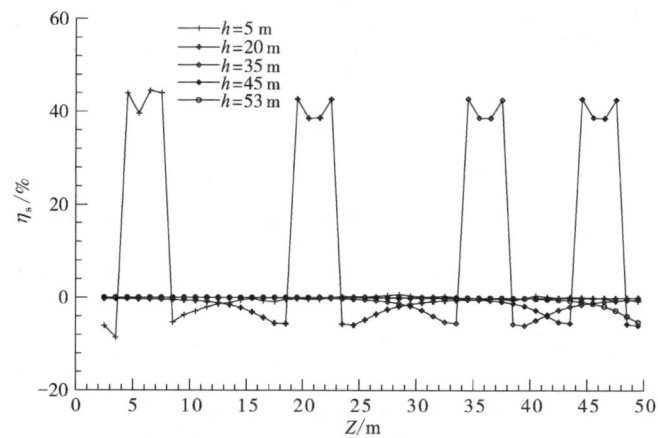

(c) 视极化率

图 3 – 19　A1 方位电位梯度、视电阻率和视极化率随异常体埋深变化曲线

图 3-20～图 3-23 为分别为 A0、A1、A2 和 A3(A4)方位观测曲线随异常体埋深 h 的变化情况。

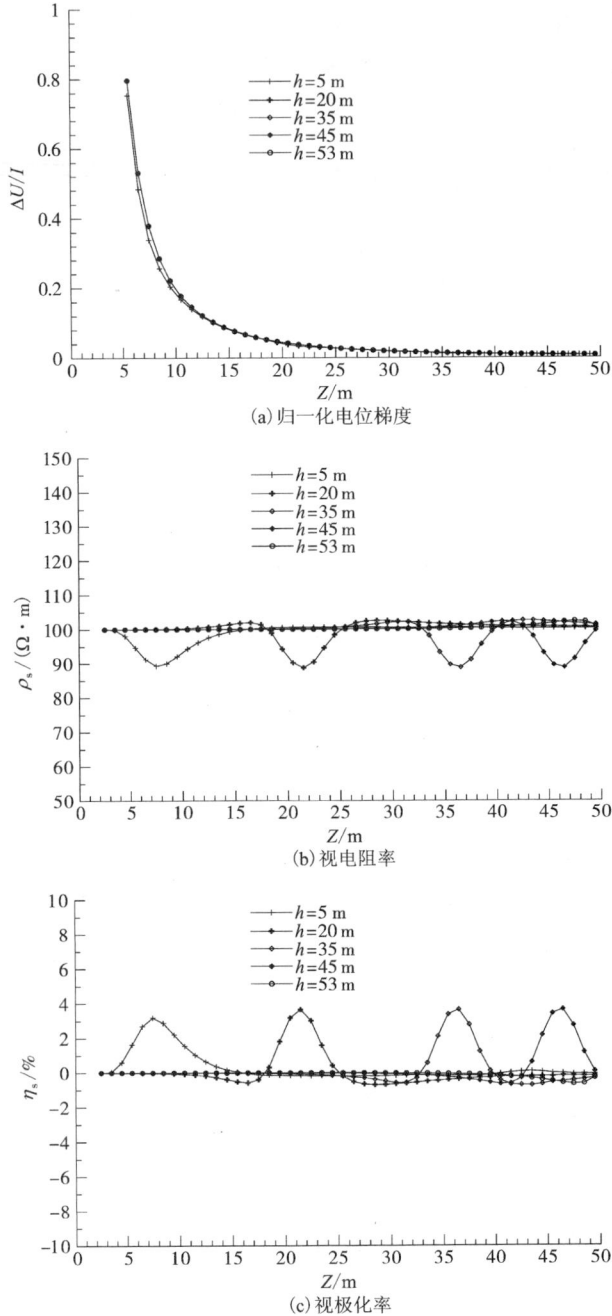

(a)归一化电位梯度

(b)视电阻率

(c)视极化率

图 3-20 A0(井口)方位电位梯度、视电阻率和视极化率随异常体埋深变化曲线

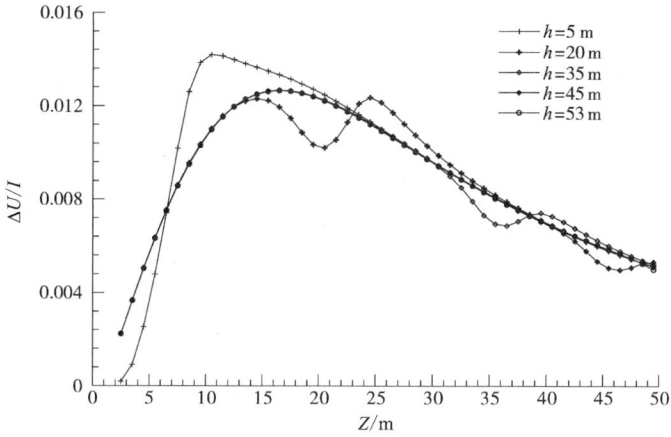

(a) 归一化电位梯度

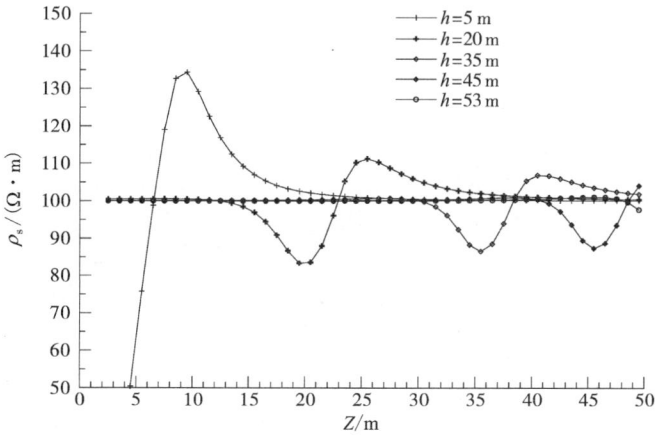

(b) 视电阻率

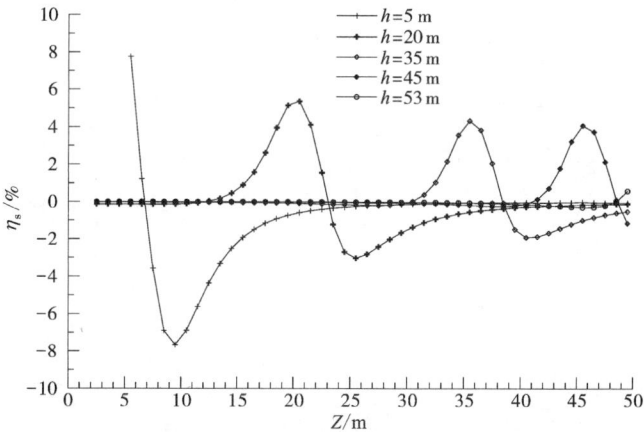

(c) 视极化率

图 3 - 21　A1(主)方位电位梯度、视电阻率和视极化率随异常体埋深变化曲线

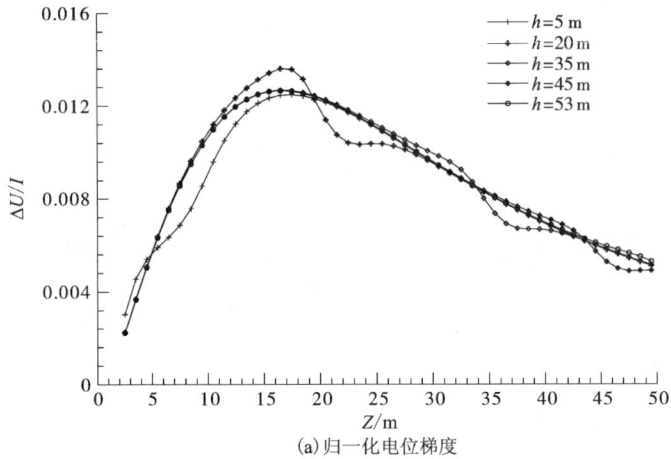

(a) 归一化电位梯度

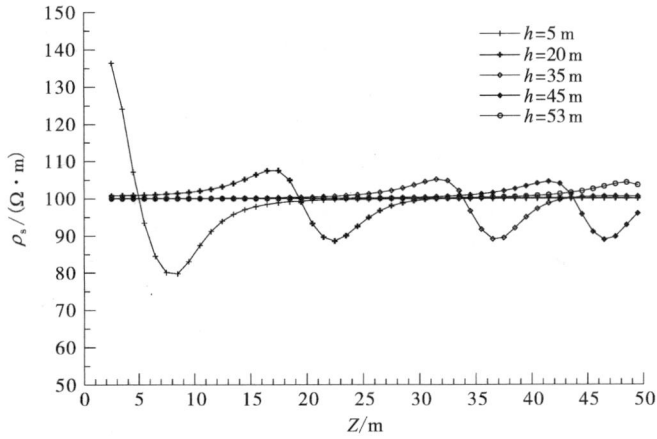

(b) 视电阻率

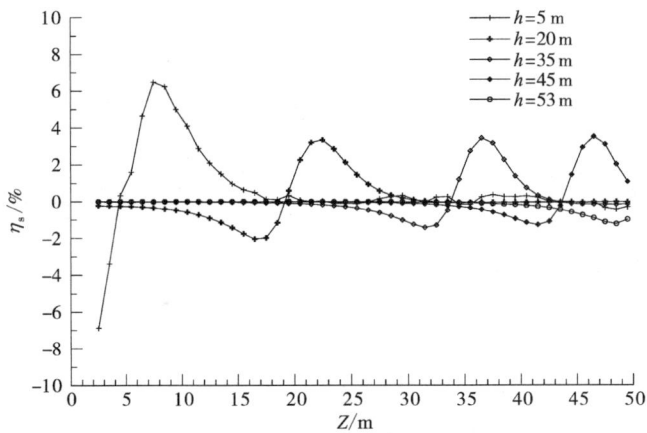

(c) 视极化率

图3－22 A2(反)方位电位梯度、视电阻率和视极化率随异常体埋深变化曲线

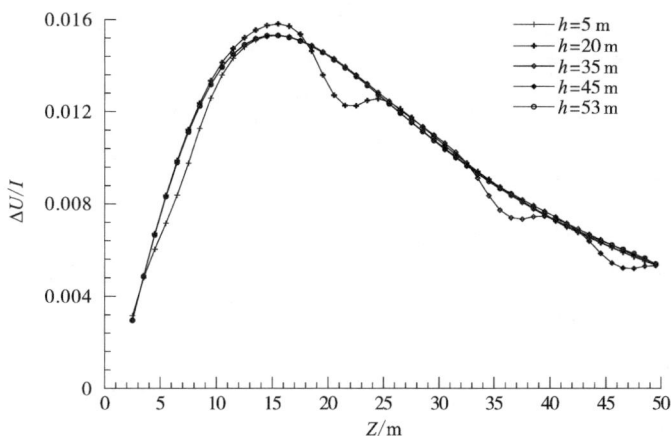

(a) 归一化电位梯度

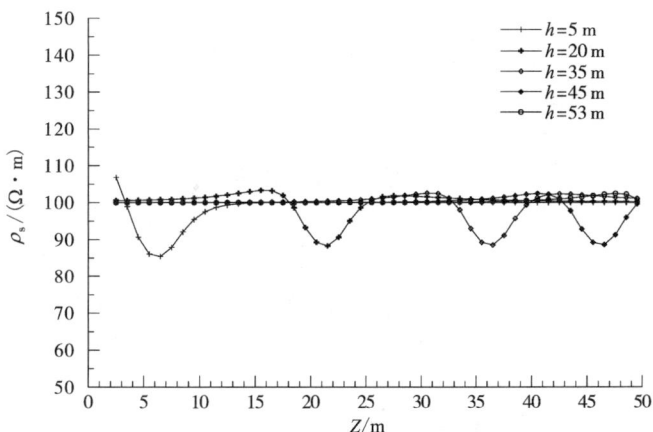

(b) 视电阻率

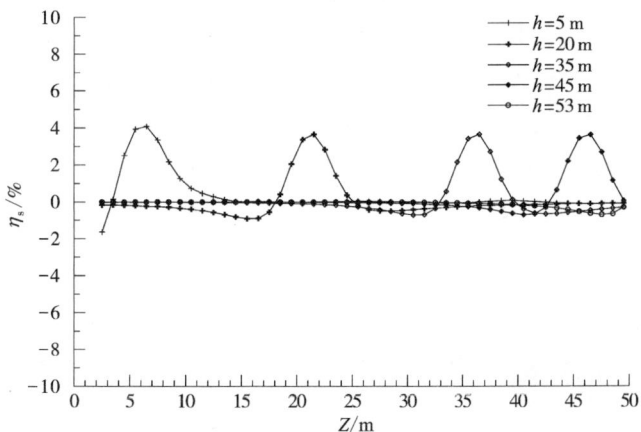

(c) 视极化率

图 3 - 23　A3(辅助)方位电位梯度、视电阻率和视极化率随异常体埋深变化曲线

探测井旁盲矿体时，井口和辅助方位观测的视电阻率和视极化率异常基本对称，随着异常体埋深增大，异常的形态、幅值变化不大。主方位和反方位观测，曲线异常不对称，随着异常体埋深越深，异常幅值略有减小，曲线异常的不对称性得到改善。当异常体在井底下方时，在井底附近位置会观测到视电阻率和视极化率数据的高、低变化。

可以推测，对于任意复杂形态异常体(盲矿体)，其埋深深浅对地－井方位观测异常幅值影响很小，反过来，进一步证明地－井方位 IP 观测对探测井旁、井底附近的深部盲矿体是非常有效的。

3.2.2 异常体水平位置变化对观测异常的影响分析

仍以低阻高极化立方异常体为例，分析研究异常体(盲矿体)的水平位置变化对方位观测的影响。根据对称性，在此考虑图 3－24(a)、(b)两种情况：(a)异常体正好位于 A1 方位和钻孔之间；(b)异常体位于 A1、A3 方位相夹区域内。

1. 计算图 3－24(a)情况，模型参数如下：

$\rho_0 = 100\ \Omega \cdot m$，$\eta_0 = 0$；$\rho_1 = 10\ \Omega \cdot m$，$\eta_1 = 50\%$；$a = 4\ m$，$L = 20\ m$；$MN = 1\ m$；$d$ 为异常体中心至钻孔的距离，a 为立方异常体边长；异常体中心埋深 $H = 25\ m$ 保持不变，并逐渐远离钻孔($d/a = 0.75$，1.25，2.5，3.75，5)，图 3－25、图 3－26、图 3－27 和图 3－28 分别为 A0、A1、A2 和 A3(A4)方位井中观测的电位梯度、视电阻率和视极化率曲线随异常体至钻孔距离(d)的变化情况。

由此可见，地－井五方位的各方位观测异常幅值都随异常体远离钻孔(d/a 增大)而迅速衰减，表明地－井方位观测探测井旁范围是非常有限的。

2. 计算图 3－24(b)情况，模型参数如下：

$\rho_0 = 100\ \Omega \cdot m$，$\eta_0 = 0$；$\rho_1 = 10\ \Omega \cdot m$，$\eta_1 = 50\%$；$a = b = 4\ m$，$L = 20\ m$；$MN = 1\ m$；异常体中心埋深 $H = 25\ m$ 保持不变，如图 3－24(b)所示，异常体逐渐远离钻孔($d/a = 0.75$，1.25，2.5)，图 3－29、图 3－30、图 3－31、图 3－32 和图 3－33 分别为 A0、A1、A2、A3 和 A4 方位井中观测的电位梯度、视电阻率和视极化率曲线随异常体至钻孔距离(d)的变化情况。

同样，随着异常体远离钻孔(d/a 增大)，各方位的观测异常迅速衰减。另外，当异常体位于两个方位相夹区域时，在靠近异常体的方位(A1、A3)，激电异常特征类似于主方位观测(图 3－26)；而在远离异常体的方位(A2、A4)，激电异常特征类似于反方位观测(图 3－27)；因此，通过分析对比各个方位观测异常与主方位、反方位观测异常之间的异同，便可推断异常体的赋存方位。

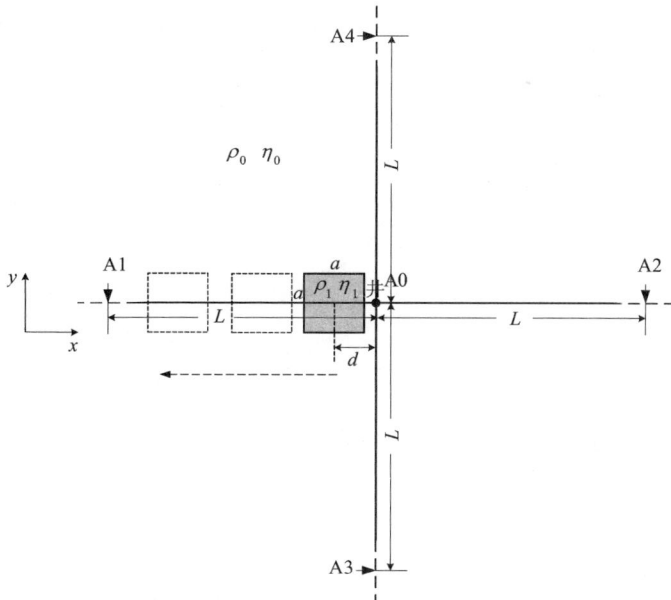

(a) 异常体位于 A1 方位和钻孔之间

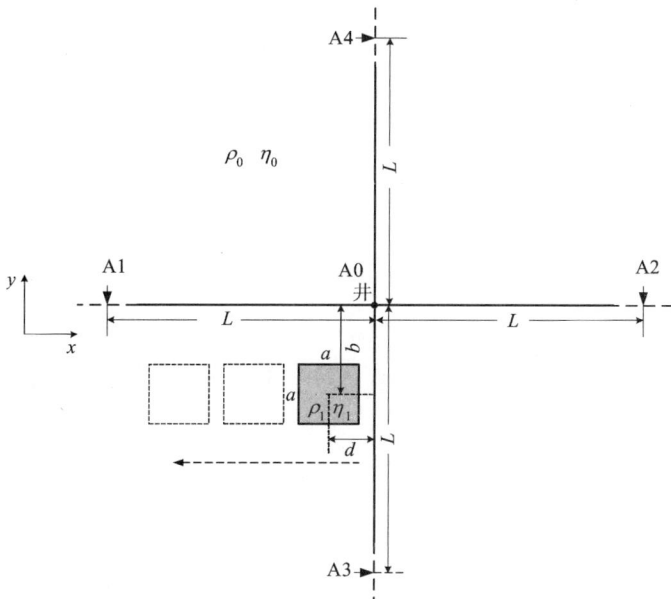

(b) 异常体位于 A1、A3 方位相夹区域内

图 3 – 24 模型示意图

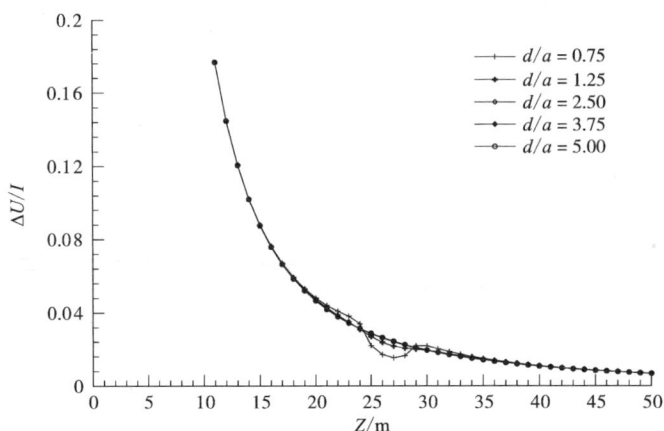

(a) 归一化电位梯度

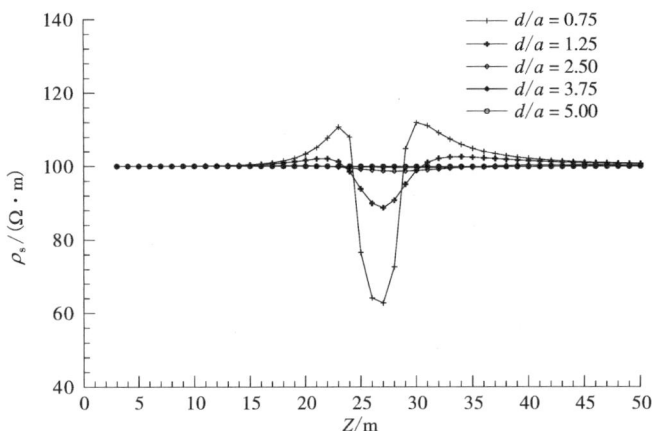

(b) 视电阻率

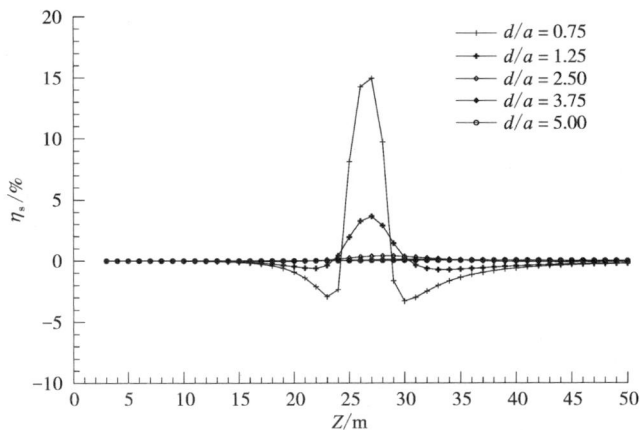

(c) 视极化率

图 3 – 25　A0 方位观测曲线随异常体水平位置变化

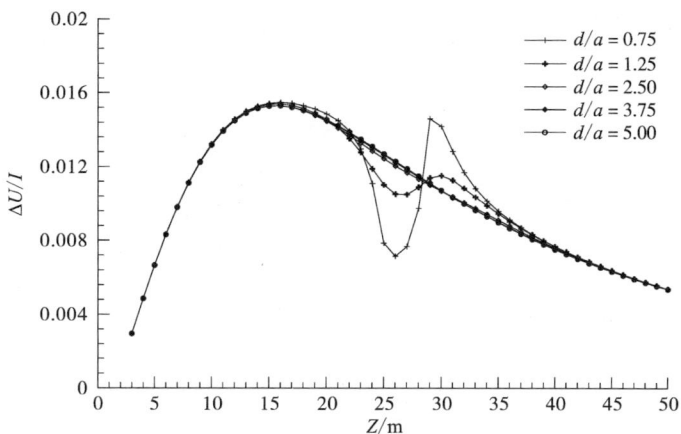

(a) 归一化电位梯度

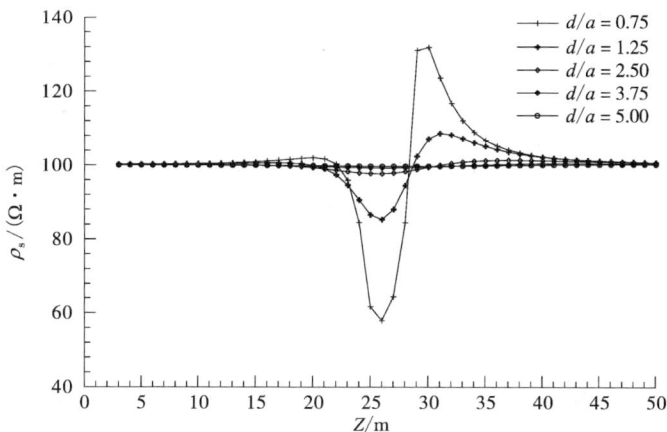

(b) 视电阻率

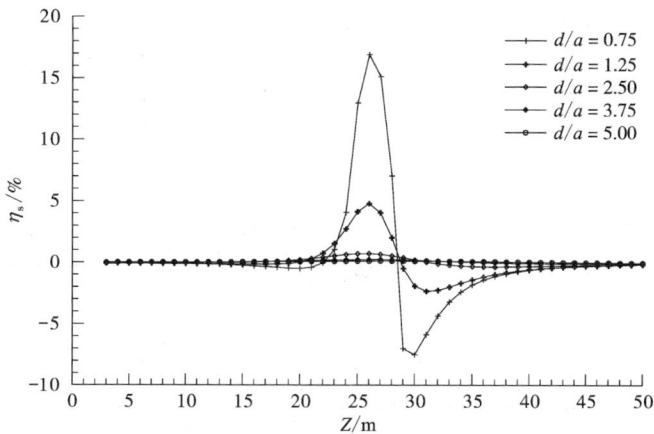

(c) 视极化率

图 3 - 26　A1 方位观测曲线随异常体水平位置变化

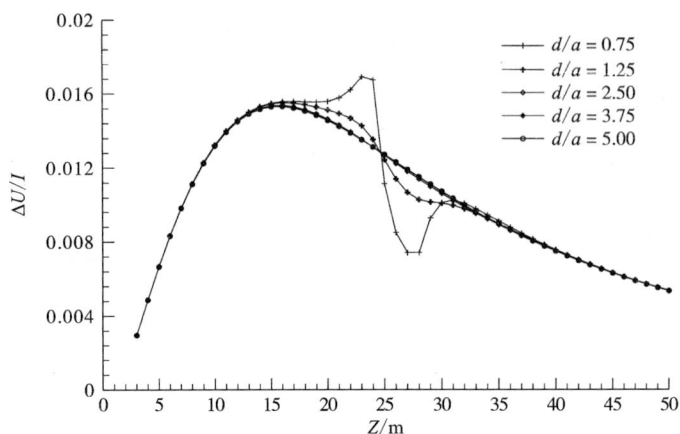

(a) 归一化电位梯度

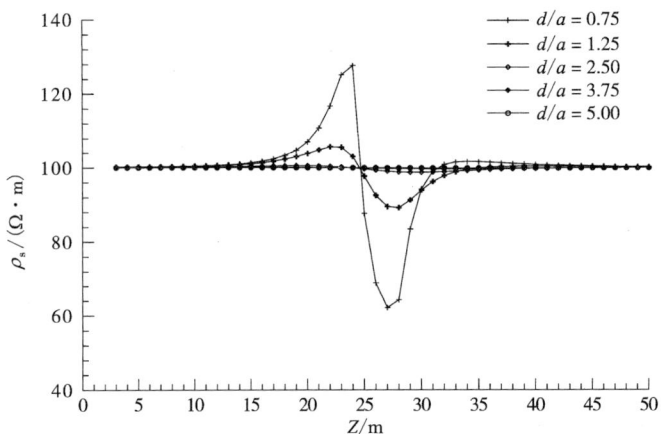

(b) 视电阻率

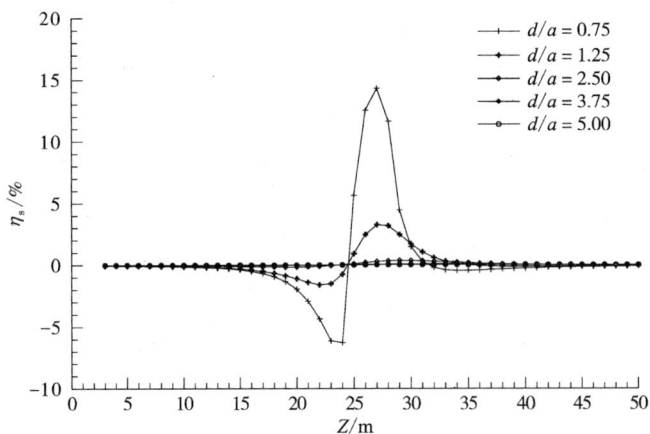

(c) 视极化率

图 3 – 27　A2 方位观测曲线随异常体水平位置变化

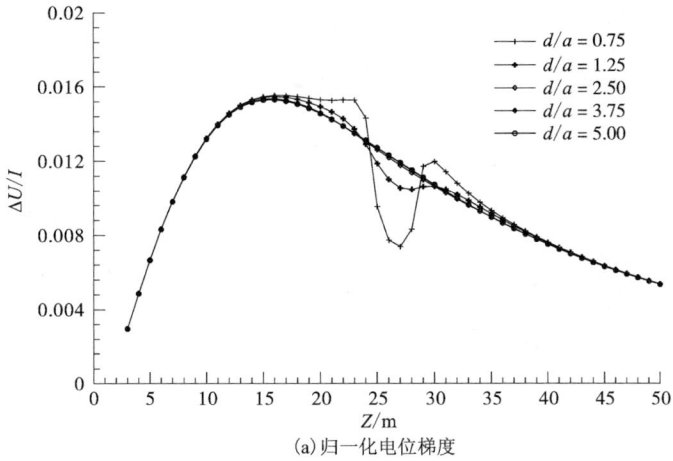

(a) 归一化电位梯度

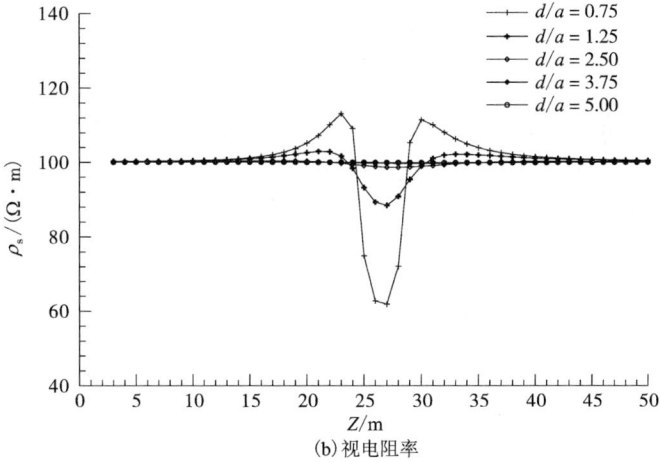

(b) 视电阻率

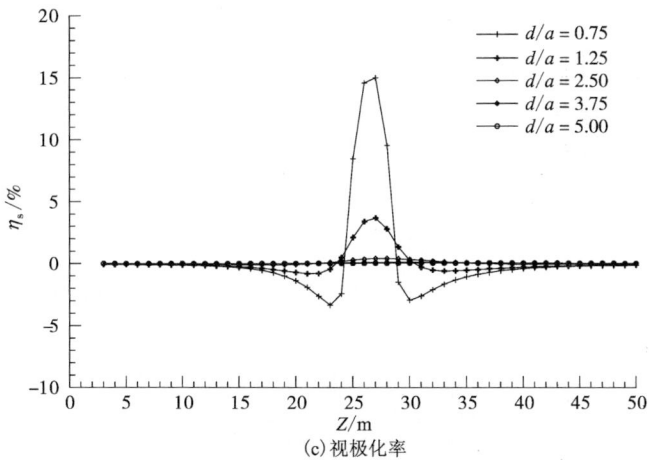

(c) 视极化率

图 3 - 28　A3(A4) 方位观测曲线随异常体水平位置变化

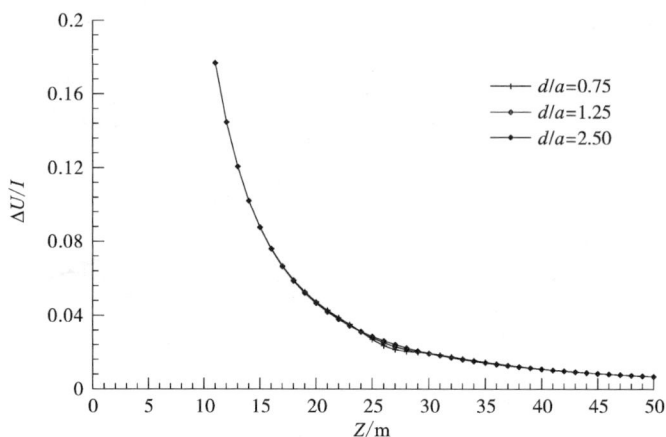

(a) 归一化电位梯度

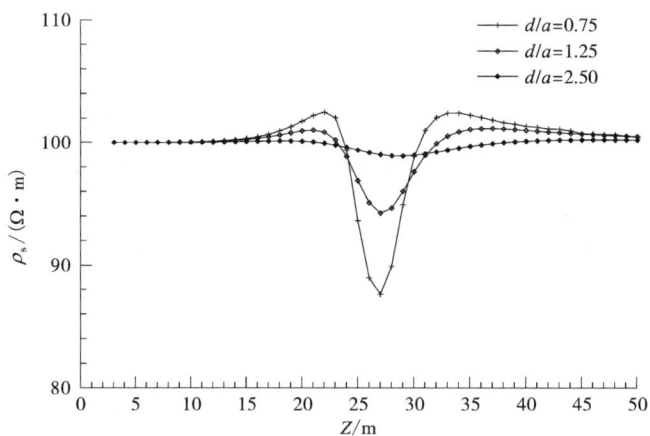

(b) 视电阻率

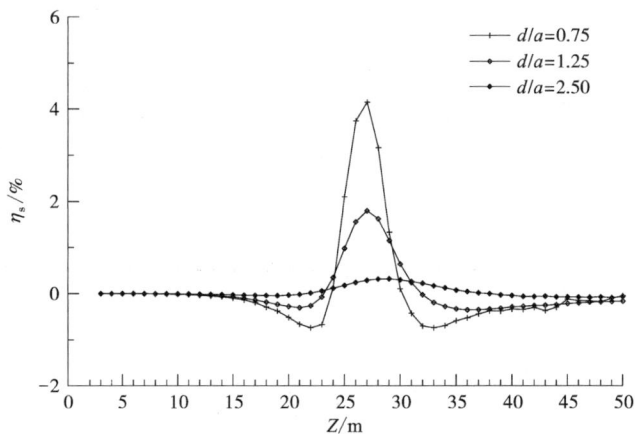

(c) 视极化率

图 3 – 29　A0 方位观测曲线随异常体水平位置变化

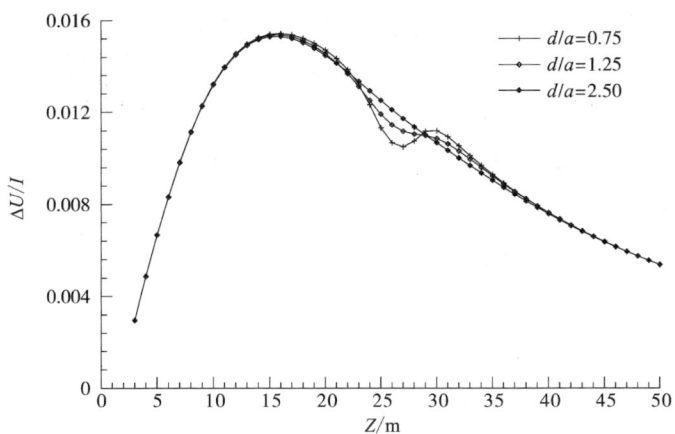

(a) 归一化电位梯度

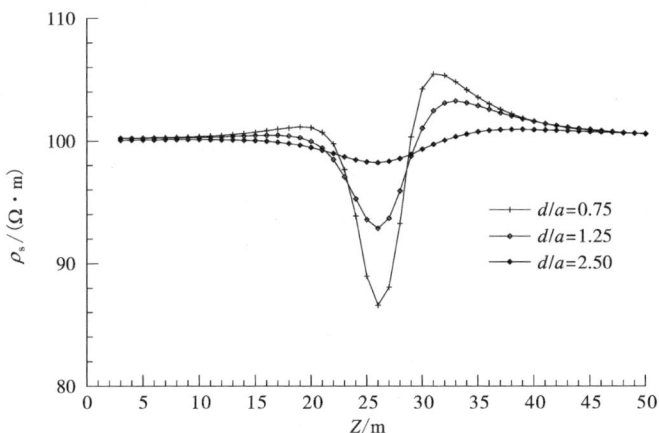

(b) 视电阻率

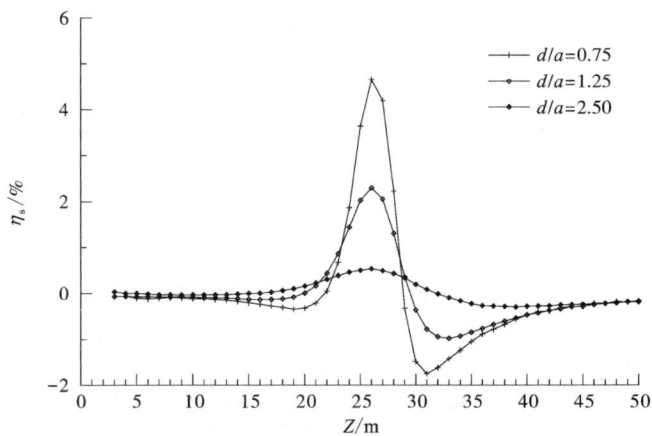

(c) 视极化率

图 3 – 30　A1 方位观测曲线随异常体水平位置变化

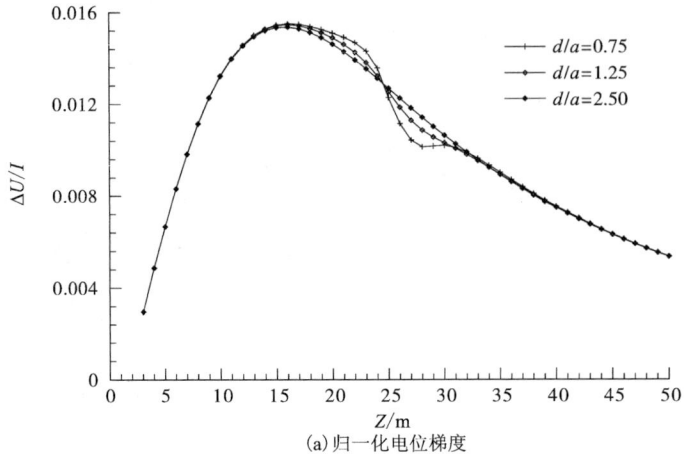

(a) 归一化电位梯度

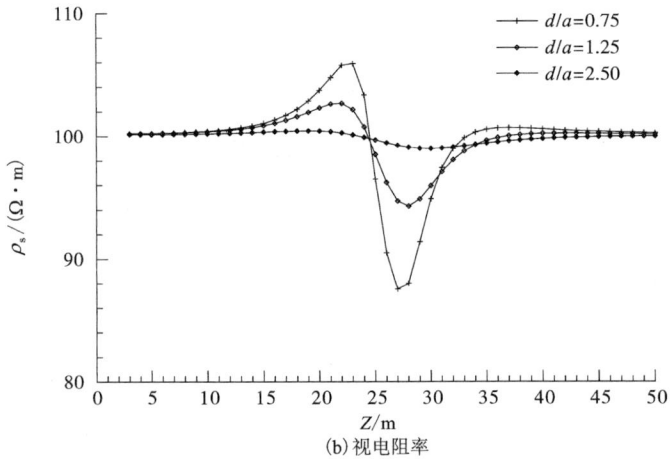

(b) 视电阻率

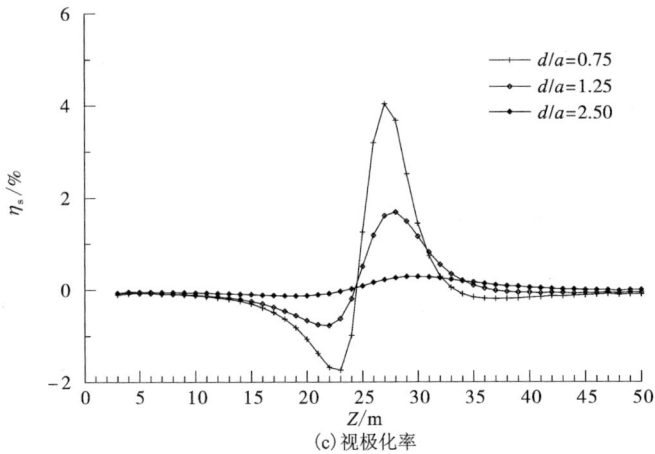

(c) 视极化率

图 3－31　A2 方位观测曲线随异常体水平位置变化

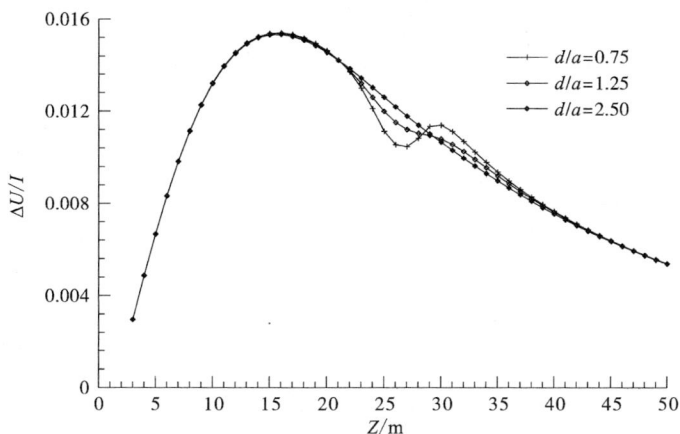

(a)归一化电位梯度

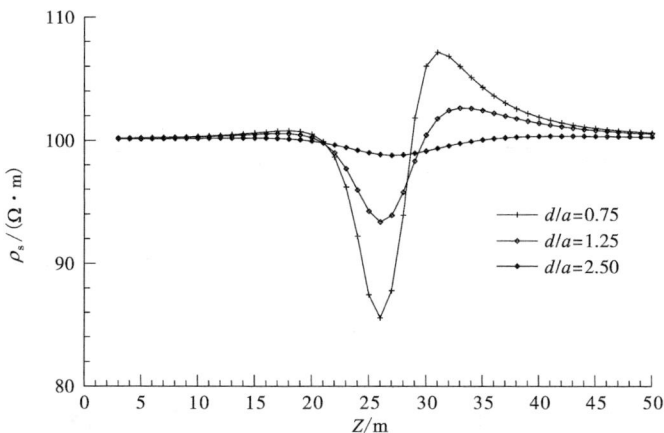

(b)视电阻率

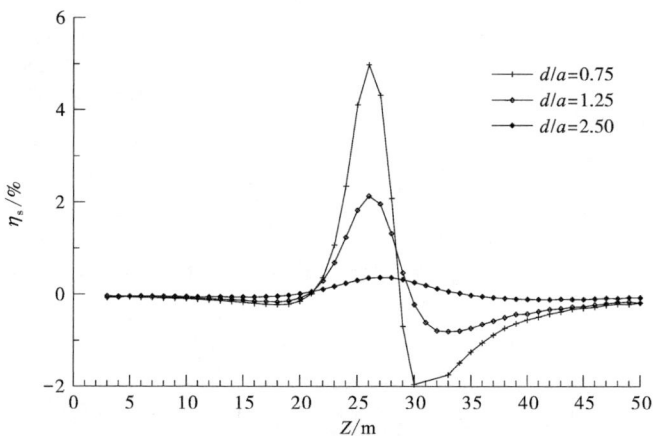

(c)视极化率

图 3 – 32　A3 方位观测曲线随异常体水平位置变化

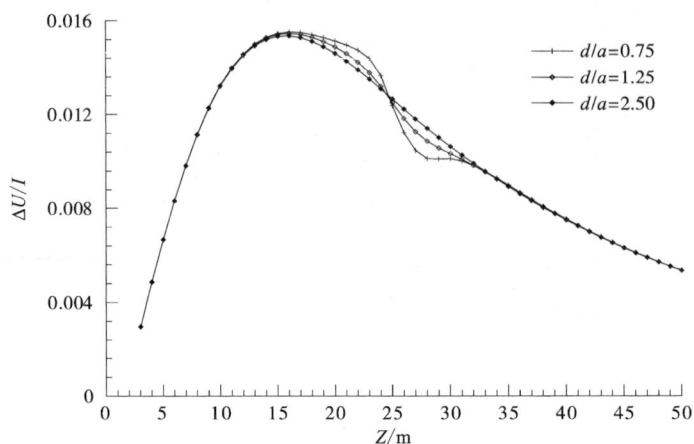

(a)归一化电位梯度

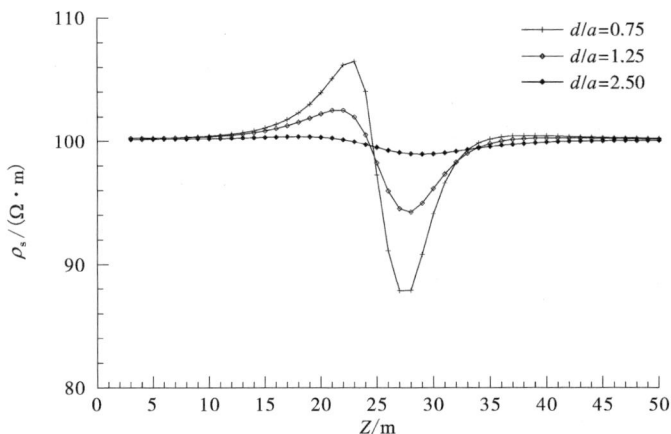

(b)视电阻率

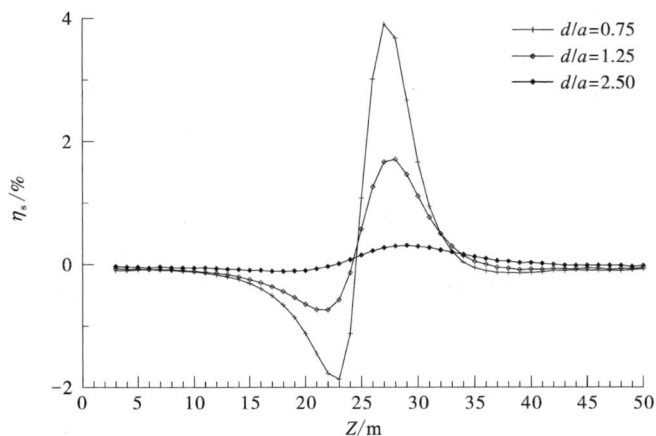

(c)视极化率

图 3－33　A4 方位观测曲线随异常体水平位置变化

3.2.3 方位距离和异常体电阻率等变化对观测异常的影响分析

以立方异常体为例，分析方位距离(L)和异常体电阻率等的变化对地－井方位观测异常的影响。如图 3－34 所示，A0 为井口方位，A1 和 A2 分别为主方位和反方位。

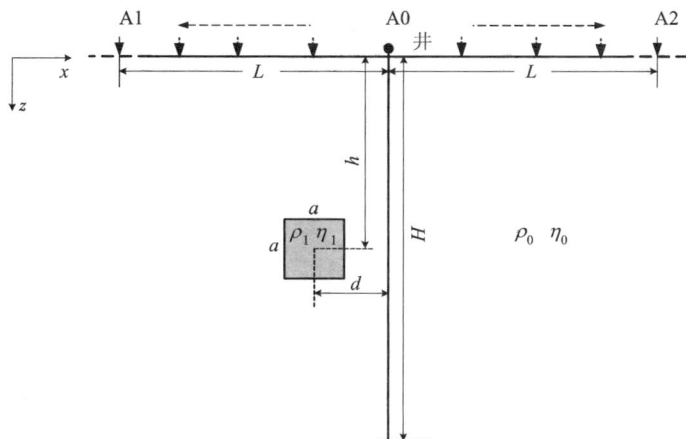

图 3－34　地－井方位观测示意图

1. 方位距离(L)变化对观测异常的影响分析

由于地－井方位观测对井旁外围探测范围是非常有限的，因此，需要选择合适的方位距离(L)，使得异常幅值大。考虑深部探测，即异常体埋深(h)远大于异常体到钻孔的距离(d)，计算地－井方位观测异常随方位距离(L)的变化规律。模型参数如下：

$\rho_0 = 100\ \Omega \cdot m$，$\eta_0 = 0$；$\rho_1 = 10.0\ \Omega \cdot m$，$\eta_1 = 50\%$；$a = 4\ m$，$d/a = 2.0$，$h = 25\ m$；$H = 50\ m$，$MN = 1\ m$；

L 的变化：$L/d = 0$(井口方位)，1.0，2.0，3.0，5.0。

图 3－35 和图 3－36 所示主方位、反方位的计算结果表明，方位距离(L)越大，主、反方位观测的视电阻率和视极化率异常幅值越大，因此，理论上，方位距离(L)越大越好。在实际工作中，方位距离(L)越大，工作效率降低、数据观测难度也增大。通常情况下，选择 $L = (2-3)d$ 即可，即方位距离选取为井旁探测范围的 2~3 倍，条件允许时，可加大方位距离。此外，为了便于不同方位观测异常的对比分析，各个方位距离 L 的大小应尽可能一致。

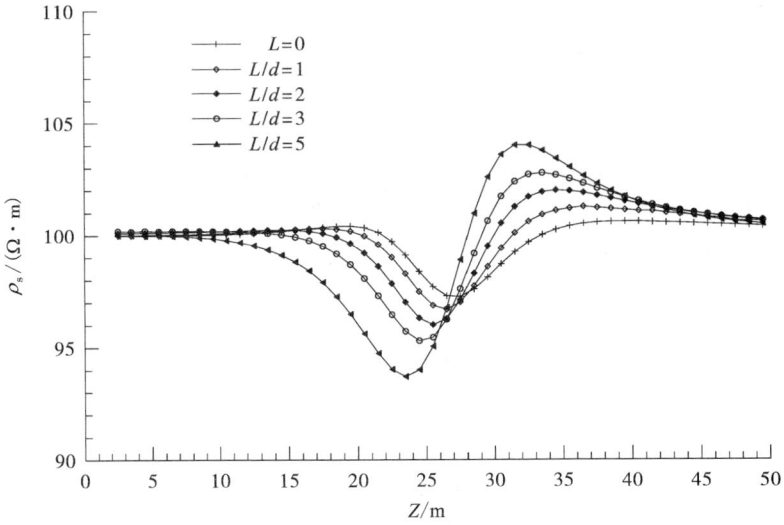

(a) 视电阻率

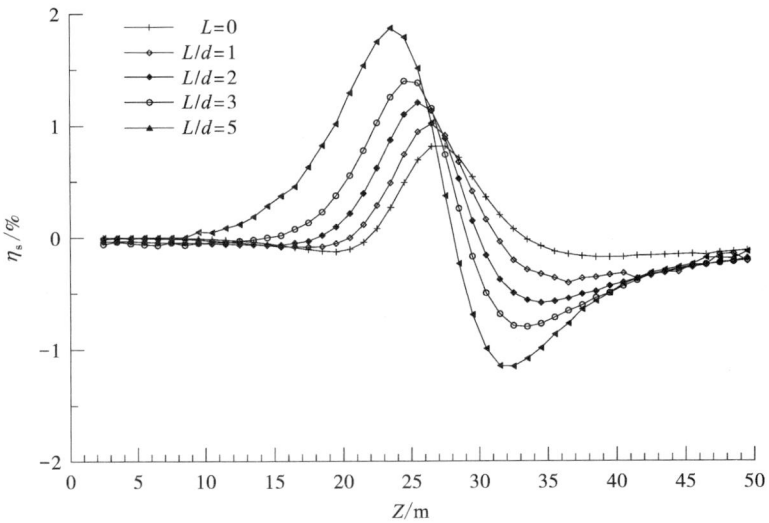

(b) 视极化率

图 3－35　主方位（A1）观测曲线随方位距离（L）的变化

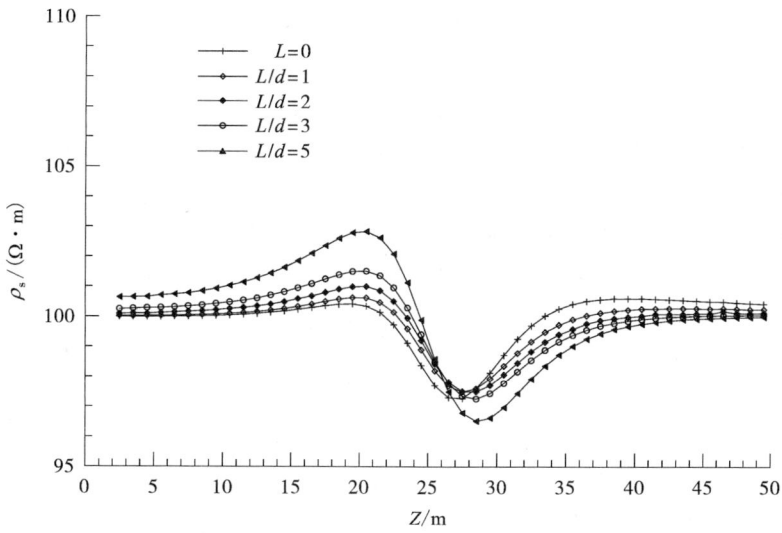

(a)视电阻率

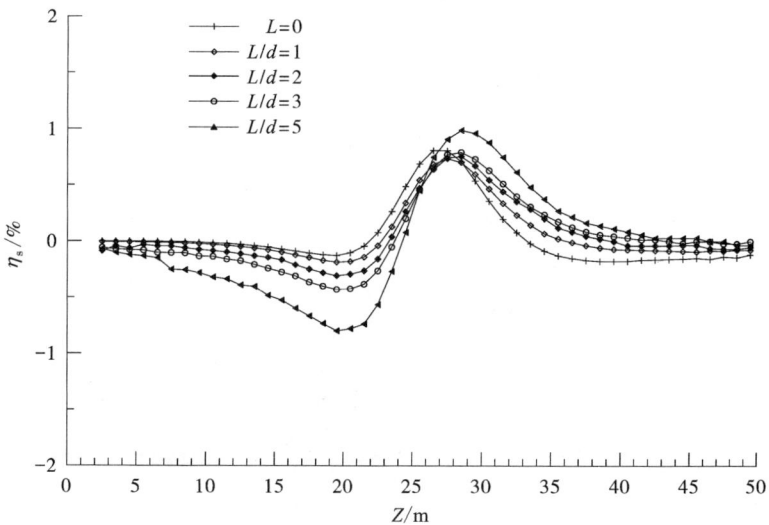

(b)视极化率

图 3 – 36　反方位(A2)观测曲线随方位距离(L)的变化

2. 异常体电阻率变化对观测异常的影响分析

模型如图 3 – 34 所示，假定其他参数固定不变，了解异常体电阻率 ρ_1 变化对地 – 井方位观测的影响。模型参数：

$\rho_0 = 100\ \Omega \cdot m$, $\eta_0 = 0$; $\eta_1 = 50\%$; $a = 4\ m$, $d/a = 1.0$, $h = 25\ m$, $L = 3d = 12\ m$; $H = 50\ m$, $MN = 1\ m$; 异常体电阻率改变：$\mu = \rho_1/\rho_0$ 分别为 0.01, 0.1, 0.2, 1.0, 10, 100。

图 3 – 37、图 3 – 38 分别为 A0、A1 方位视电阻率和视极化率观测曲线随异常体电阻率变化情况。

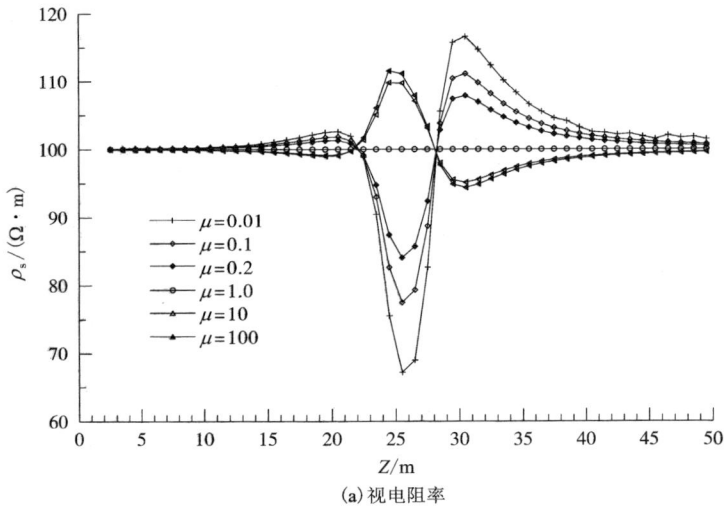

(a) 视电阻率

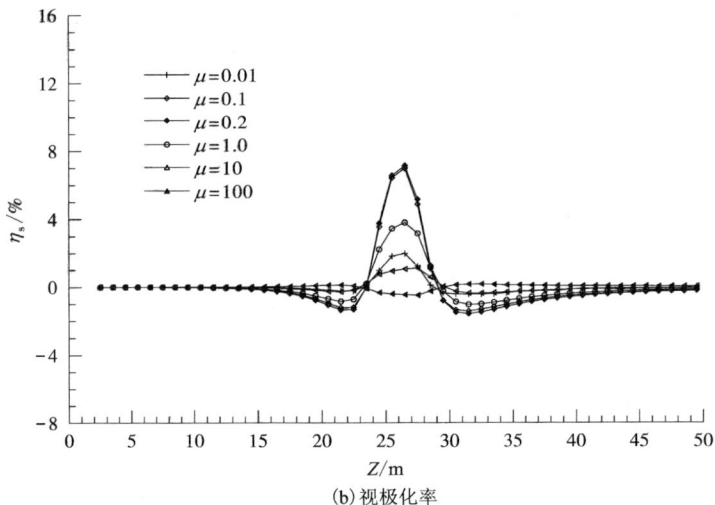

(b) 视极化率

图 3 – 37　井口方位(A0) 视电阻率和视极化率观测曲线随异常体电阻率变化

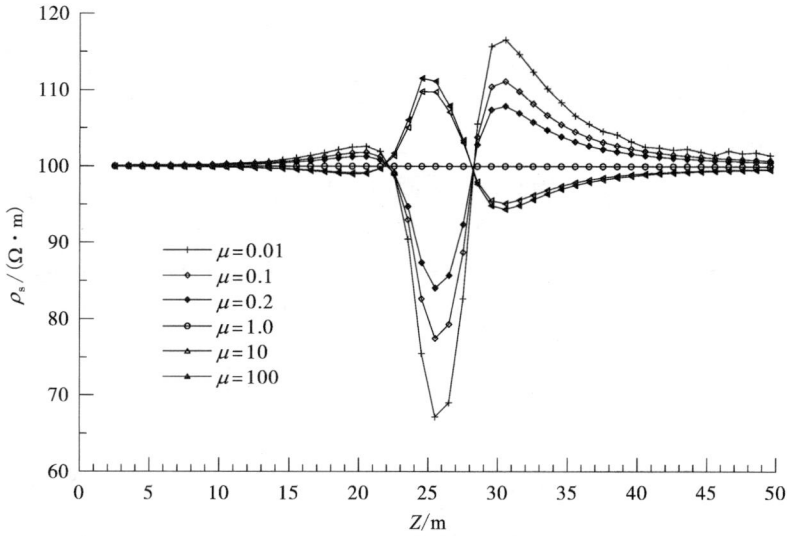

(a) 视电阻率

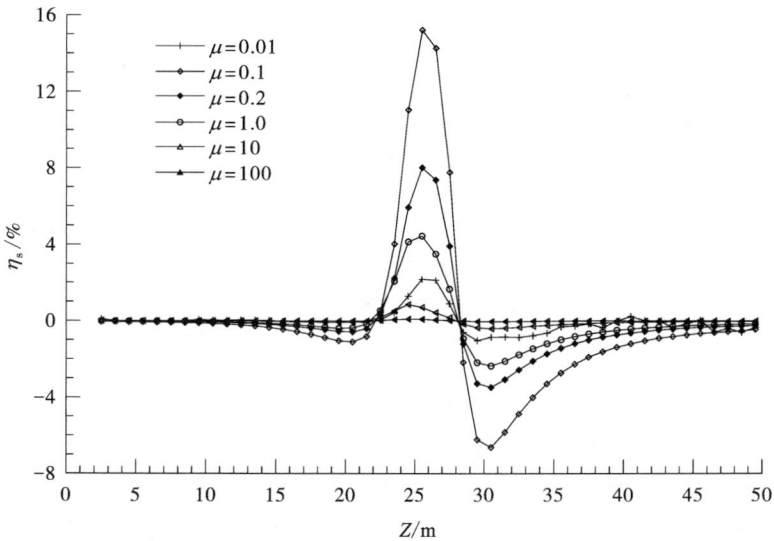

(b) 视极化率

图 3 - 38 主方位 (A1) 视电阻率和视极化率观测曲线随异常体电阻率变化

图3－37和图3－38结果表明：异常体电阻率与背景电阻率差异越大，地－井方位观测的视电阻率异常幅值也越大，对低阻异常体的探测效果要明显好于高阻异常体；视极化率异常大小与异常体的电阻率、极化率、观测方位等都有关。

下面详细分析地－井方位观测异常随异常体位置、电阻率变化的影响。为了确切反映视电阻率和视极化率异常大小，定义视电阻率相对异常和视极化率异常的计算公式：

$$\varphi = \left[\, \text{Max}(\rho_s) - \text{Min}(\rho_s)\,\right] / (\rho_0 \cdot MN)$$
$$\gamma = \text{Max}(\eta_s) - \text{Min}(\eta_s)$$

其中：φ 为视电阻率相对异常；γ 为视极化率异常幅值；$\text{Max}(\rho_s)$ 为观测的视电阻率最大值；$\text{Min}(\rho_s)$ 为观测的视电阻率最小值；$\text{Max}(\eta_s)$ 为观测的视极化率最大值；$\text{Min}(\eta_s)$ 为观测的视极化率最小值；ρ_0 为背景电阻率；MN 为观测电极距。

表3－1和3－2分别给出了井口方位和主方位 φ、γ 随 $\mu = \rho_1/\rho_0$ 和 d/a 的变化情况。以异常体至钻孔的相对距离（d/a）为横坐标，异常体相对电阻率（$\mu = \rho_1/\rho_0$）为纵坐标，图3－39粗略地展示了 φ、γ 异常大小分布平面图。通过此异常平面图可以帮助查询地－井方位的观测异常，对实际生产有一定的指导意义。例如，当钻孔深部立方异常体距离钻孔距离大于其边长的2倍时，井口方位观测异常 $\varphi < 5\%$，$\gamma < 2\%$，主方位观测 $\varphi < 10\%$，$\gamma < 5\%$。反过来，已知实测数据异常大小，还可近似推断异常体的位置、电阻率和极化率大小。

需要说明的是，该结果是基于立方异常体的分析计算结果，对于板状体等其他复杂形态的推断解释，只能作为参考。

表3－1 模型、计算参数和井口方位观测激电异常

参数：$\rho_0 = 100\ \Omega \cdot m$，$\eta_0 = 0$；$\eta_1 = 50\%$；$a = 4\ m$，$h = 25\ m$，$MN = 1\ m$，$H = 50\ m$；$L = 0$ 井口方位观测；d/a，$\mu = \rho_1/\rho_0$；φ、γ 单位：%

$\mu \backslash d/a$	0.5		1.0		1.5		2.0		2.5	
	φ	γ	φ	γ	φ	γ	φ	γ	φ	γ
0.01	169.69	51.05	36.86	2.97	12.1	0.76	4.92	0.38	2.54	0.19
0.05	144.59	49.57	30.76	6.75	9.96	1.97	4.09	0.79	2.08	0.41
0.1	120.05	48.37	25.11	8.41	8.12	2.51	3.34	0.99	1.69	0.51
0.2	85.73	44.71	17.63	8.70	5.72	2.70	2.37	1.10	1.19	0.55
0.5	33.95	33.95	6.91	6.91	2.25	2.25	0.95	0.95	0.49	0.49
1.0	0.00	23.49	0.00	4.83	0.00	1.64	0.00	0.71	0.00	0.38
10.0	53.17	4.09	10.24	0.75	3.51	0.28	1.52	0.15	0.78	0.09
100.0	61.63	0.44	11.67	0.09	4.05	0.04	1.76	0.02	0.90	0.03

表 3－2　模型、计算参数和主方位观测激电异常

参数：$\rho_0 = 100\ \Omega \cdot m$，$\eta_0 = 0$；$\eta_1 = 50\%$；$a = 4\ m$，$h = 25\ m$，$MN = 1\ m$，$H = 50\ m$；$L = 3d$ 主方位观测；d/a，$\mu = \rho_1/\rho_0$；φ，γ 单位：%

$\mu \mid d/a$	0.5		1.0		1.5		2.0		2.5	
	φ	γ	φ	γ	φ	γ	φ	γ	φ	γ
0.01	196.33	52.44	48.83	2.62	20.28	1.09	10.78	0.83	7.00	0.42
0.05	169.11	51.34	40.62	8.11	16.88	3.23	9.09	1.66	5.81	0.86
0.1	142.12	52.18	33.66	10.86	13.80	4.18	7.46	2.41	4.79	1.40
0.2	103.20	50.71	23.81	11.48	9.75	4.55	5.53	2.73	3.41	1.60
0.5	42.48	42.48	9.44	9.44	3.88	3.88	2.13	2.13	1.37	1.37
1.0	0.00	31.69	0.00	6.81	0.00	2.87	0.00	1.61	0.00	1.07
10.0	74.52	5.49	14.69	1.26	6.29	0.54	3.53	0.30	2.29	0.20
100.0	87.43	0.59	17.15	0.14	7.31	0.07	4.09	0.04	2.65	0.02

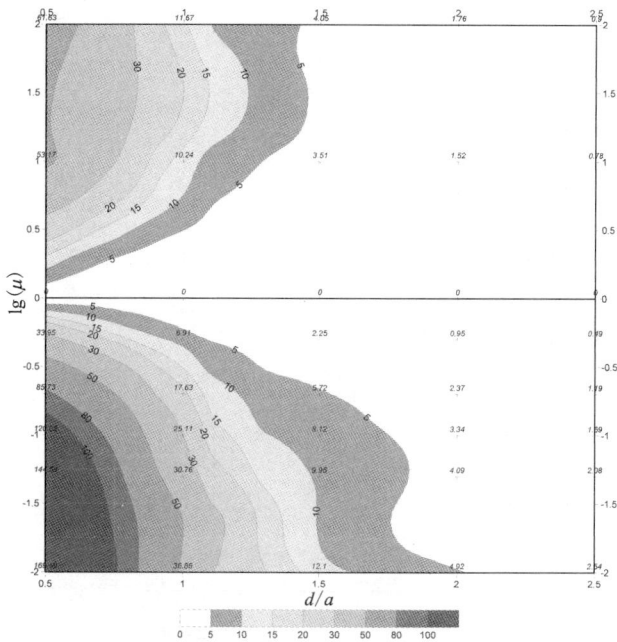

(a)井口方位视电阻率

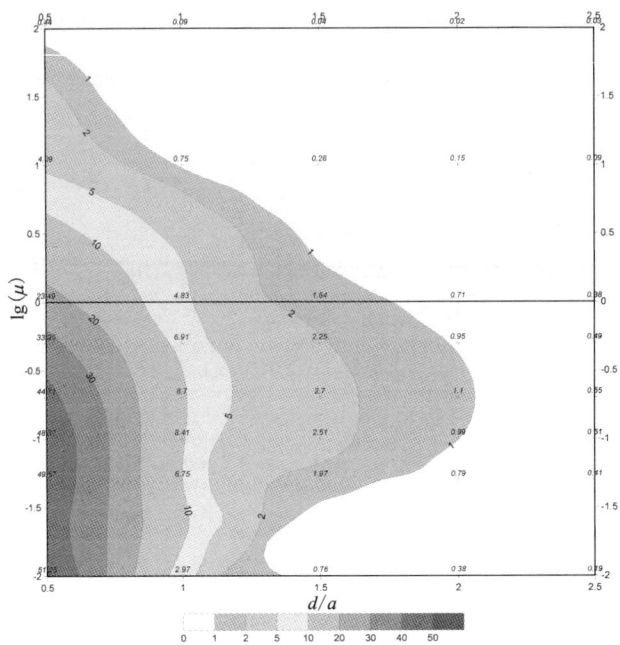

(b)井口方位视极化率

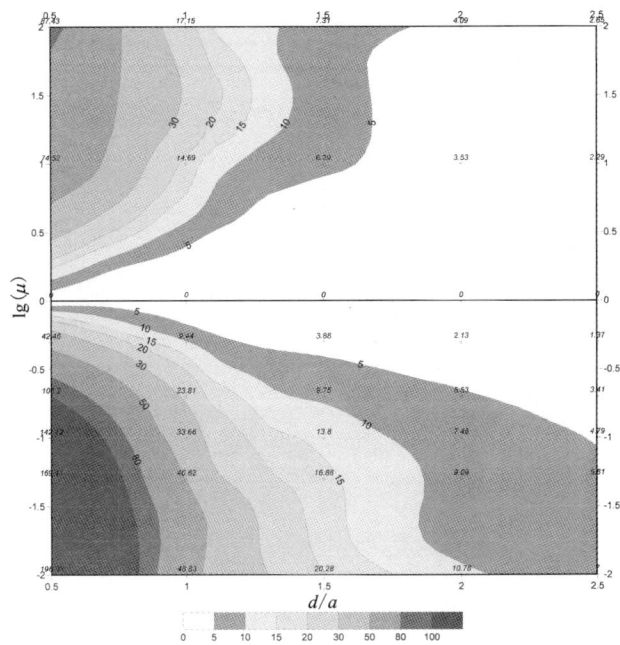

(c)主方位视电阻率

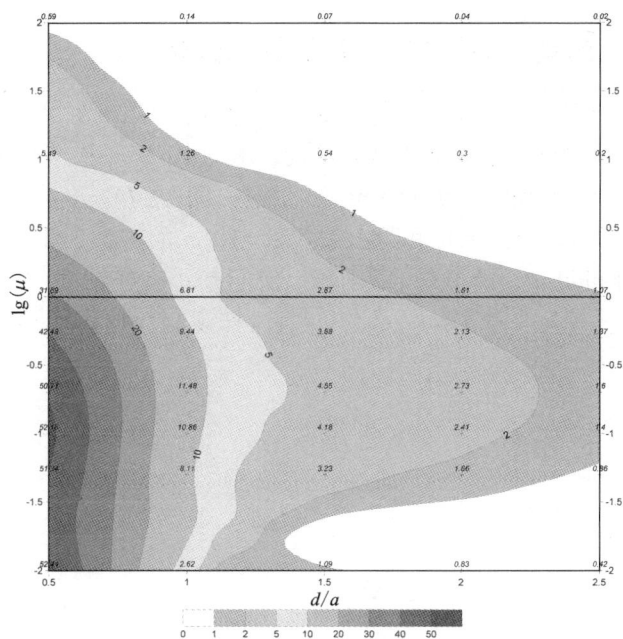

(d)主方位视极化率

图 3 – 39　井口方位(A0)和主方位激电异常随异常体电阻率、位置变化分布图

综合上述分析,地 – 井五方位的观测异常受异常体电性差异大小、异常体距钻孔距离、观测方位、方位距离等综合因素的影响,故其解释也存在多解性。

3.3　钻孔大小、环境对地 – 井五方位 IP 异常的影响分析

钻孔是地 – 井 IP 不同于地面 IP 的特殊工作环境,需要在井中布设电极,在实际工作中需要保证电极接触良好。通常情况下,一种方式就是水作为导电介质,利用钻孔中的地下水或人为向钻孔中充水,保证电极良好接触以获得可靠的数据;另一种方式采用刷子电极,使电极能够附着在井壁上。事实上,两种情况的钻孔环境与围岩都存在明显的电性差异。因此,需要了解钻孔环境对地 – 井方位观测的影响规律。

目前矿山的验证孔、普查孔直径为 50 ~ 1000 mm,下面对钻孔直径为 100 mm、200 mm、500 mm 和 1000 mm 四种情况的钻孔影响进行计算分析,了解不同大小钻孔对地 – 井方位观测的影响。为了消除其他因素的干扰,假定除钻孔外,围岩电性均匀;由于电位和电位梯度与观测位置有关,不宜比较差异,所以对比分析视电阻率数据。

3.3.1 小钻孔对地－井五方位 IP 的影响分析

计算直径 $D = 100$ mm 的小钻孔对观测的影响，钻孔深度 50 m，围岩电阻率 1000 $\Omega \cdot$ m，钻孔内分充水和无水两种情况，水的电阻率假定为 100 $\Omega \cdot$ m，无水钻孔电阻率无穷大，给定为 10^8 $\Omega \cdot$ m，测量电极间距 $MN = 1$ m，点距 1 m。

图 3－40 为井口方位（A0）和距离钻孔 $L = 10$ m 的方位（A1）两种情况的视电阻率曲线。由此可见，无论是充水孔还是无水孔，小直径钻孔（$D = 100$ mm）主要对地－井方位浅部观测数据影响较大，而对深部观测数据影响小，其影响几乎可以忽略不计。

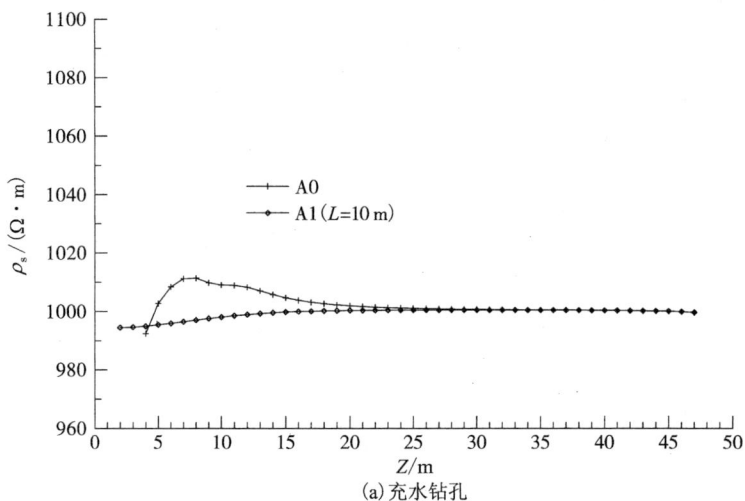

(a) 充水钻孔

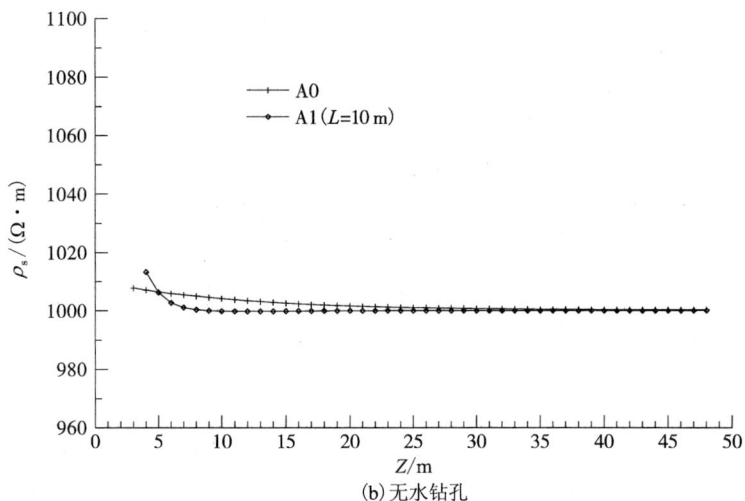

(b) 无水钻孔

图 3－40　充水钻孔（a）和无水钻孔（b）A0 和 A1 方位视电阻率曲线

3.3.2 地 – 井五方位观测随钻孔直径变化的影响分析

以常见的钻孔充水情况为例，分析钻孔直径变化对观测数据的影响。钻孔参数如下：钻孔深度 50 m，围岩电阻率 1000 Ω·m，水的电阻率给定为 100 Ω·m；测量电极间距 $MN = 1$ m，点距 1 m。

图 3 – 41 为不同直径钻孔（D）井口方位 A0 和距离钻孔 $L = 10$ m 的 A1 方位视电阻率曲线计算结果。显然，钻孔直径越大，对观测数据的影响也越大，影响范围也越宽；特别是对浅部数据的影响不可以忽略，但随着观测深度越深，其影响逐渐变小。

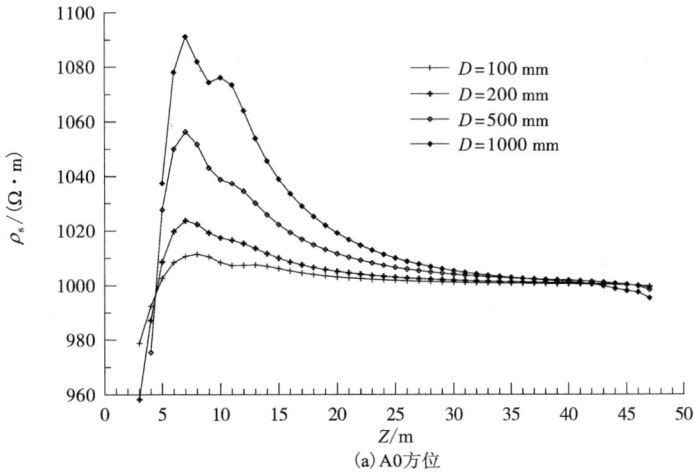

(a) A0 方位

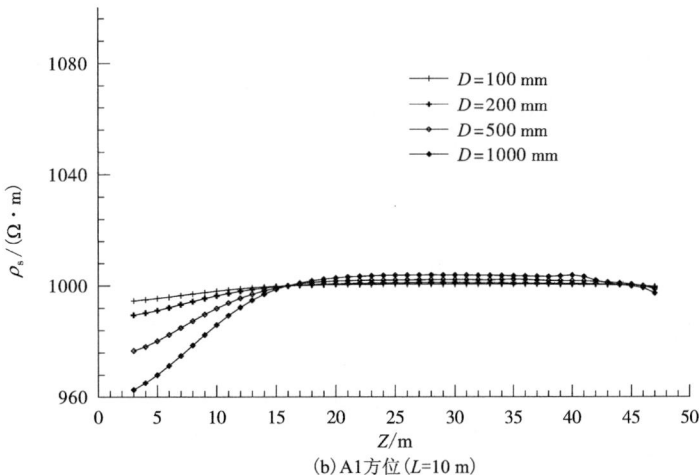

(b) A1 方位（$L = 10$ m）

图 3 – 41 不同大小钻孔的 A0 和 A1 方位视电阻率曲线对比

上述计算表明，钻孔大小、环境主要对地－井方位浅部观测数据影响大，而对深部观测数据影响小。为了消除钻孔干扰，理想的方式是把钻孔大小、环境等信息一同考虑到计算和分析解释中。实际工作中，也可通过加大测量电极间距，不采集浅部数据等方式，减小或避开钻孔影响的干扰。总之，钻孔是地－井 IP 的工作环境，其本身影响是观测的一个干扰因素，特别是在当前"精细解释"的大趋势下，钻孔对数据观测的影响应引起注意。

3.4 地形对地－井五方位 IP 的影响分析

起伏地形是常见的地－井工作环境，因此，有必要了解地形对地－井五方位观测的影响，指导野外工作和数据分析解释。下面，分析斜坡、山脊和山谷三类常见地形对地－井五方位观测的影响。

3.4.1 斜坡地形

如图 3－42 所示，无限长斜坡地形，坡度 $\alpha = \arctan(1/2) \approx 26.6°$，讨论异常体位于钻孔两侧的情况：第一种情况为异常体位于钻孔低地形一侧；第二种情况为异常体位于钻孔高地形一侧。模型参数如下：

$\rho_0 = 100\ \Omega \cdot m$，$\eta_0 = 0$；$\rho_1 = 10\ \Omega \cdot m$，$\eta_1 = 50\%$；$a = 4\ m$，$d = 4\ m$，$h_1 = h_2 = 25\ m$，$L = 20\ m$；$MN = 1\ m$；井深 $H = 50\ m$，A0 为井口方位，A1 为钻孔低地形一侧方位、A2 为高地形一侧方位、A3 和 A4 为辅助方位。图 3－43 和图 3－44 分别为两种情况下地－井五方位电位梯度、视电阻率和视极化率异常曲线。

斜坡地形计算结果表明，当供电方位在钻孔低地形一侧时（A1 方位），由于井中观测电位差（ΔU）过零值点（零值点深度位置 $h = L\tan\alpha$），在零值点附近，视电阻率和视极化率出现明显的畸变异常。除此之外，斜坡地形地－井方位观测视电阻率和视极化率异常曲线形态与水平地形情况基本相似，可参照水平地形情况进行分析解释。

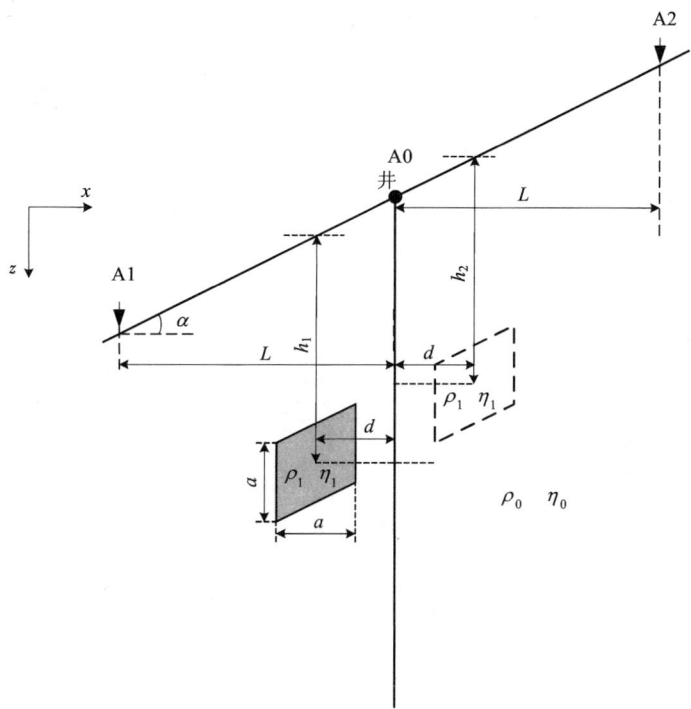

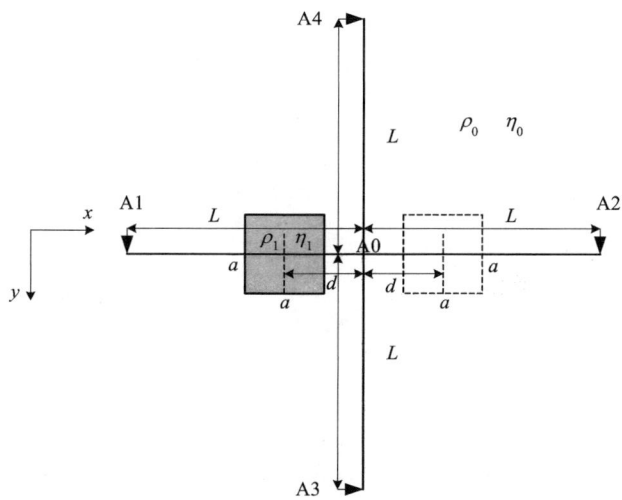

图 3-42　斜坡地形地－井五方位示意图

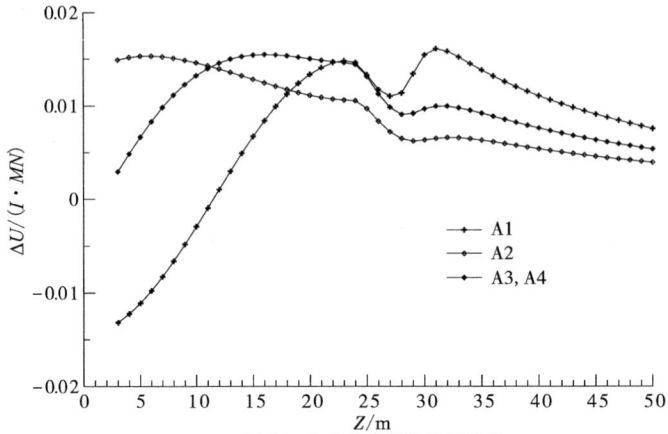

(a)归一化电位梯度的计算结果

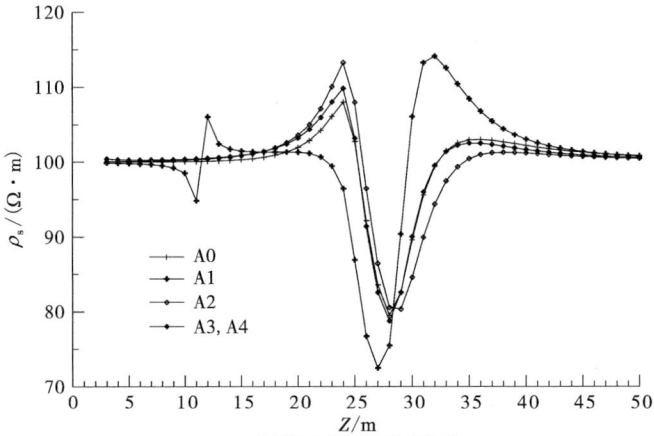

(b)视电阻率的计算结果

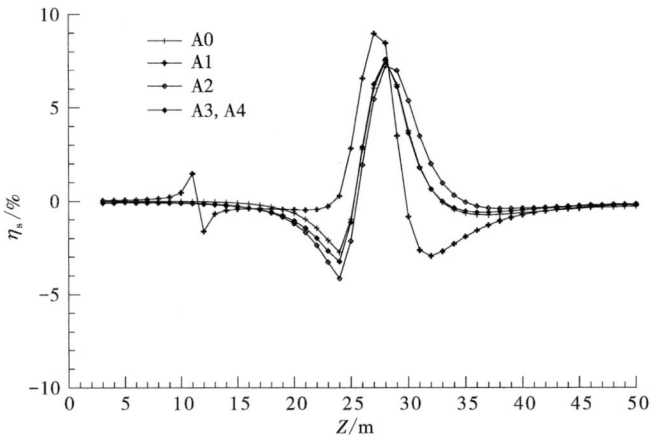

(c)视极化率的计算结果

图 3－43　斜坡地形地－井五方位异常曲线(异常体位于钻孔低地形一侧)

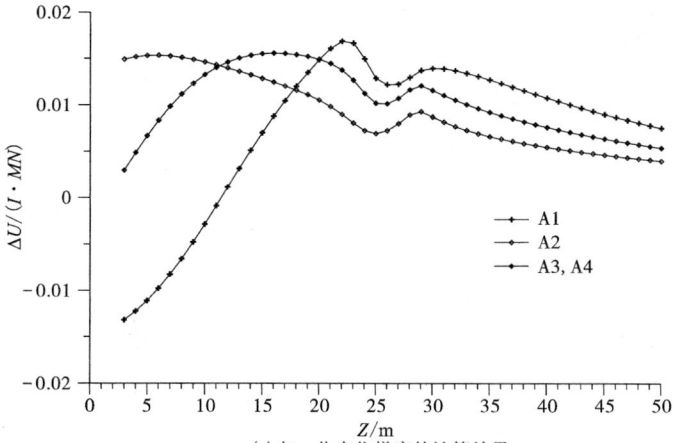

(a)归一化电位梯度的计算结果

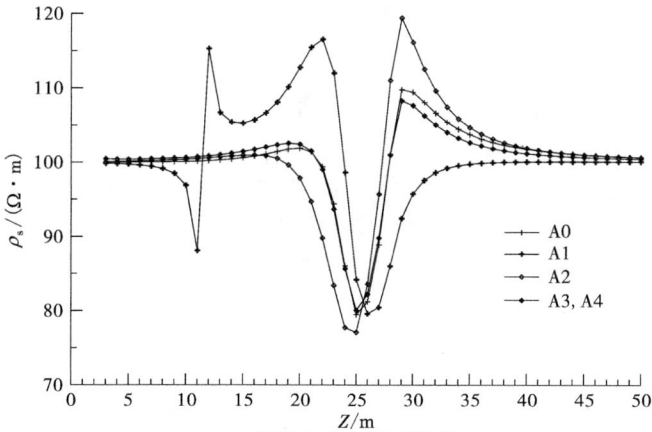

(b)视电阻率的计算结果

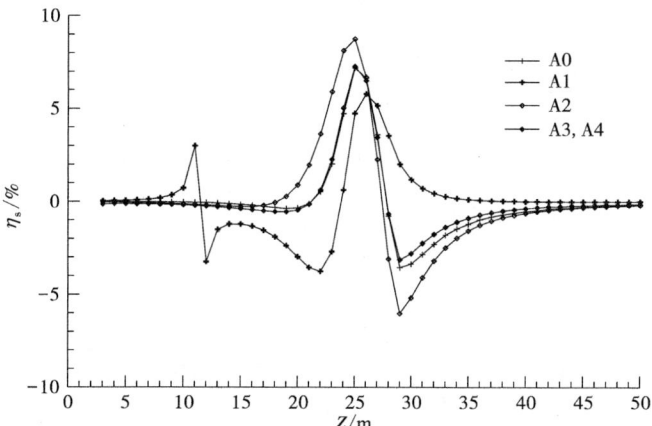

(c)视极化率的计算结果

图 3 - 44　斜坡地形地井五方位异常曲线(异常体位于钻孔高地形一侧)

3.4.2 山脊地形

如图 3－45 所示，三维"金字塔"山脊地形，坡度 $\alpha = 45°$，坡长 10 m，山脊高 10 m，宽度 $R = 20$ m，计算钻孔位于山脊的底部、半坡和顶部 3 种情况下(#A，#B，#C)的地－井方位观测情况，井中观测电极距 $MN = 1$ m，点距 1 m。地下为均匀介质，背景电阻率 $\rho_0 = 1\ \Omega \cdot m$；A0、A1、A2、A3 和 A4 五个方位如图 3－45 所示，A0 为井口方位，其他四个方位(A1、A2、A3 和 A4)到钻孔的距离相等，均为 L。图 3－46 ~ 图 3－48 为山脊地形 3 种情况下(#A，#B，#C)不同方位视电阻率曲线。

计算结果表明：山脊地形对地－井方位观测的浅部数据影响大，对深部观测数据影响小；在方位上，山脊地形对井口方位的观测影响小，而对其他方位的观测影响大；由此可见，当钻孔位于山底或山顶时，地形对井口方位的观测影响很小，基本可以忽略不计。

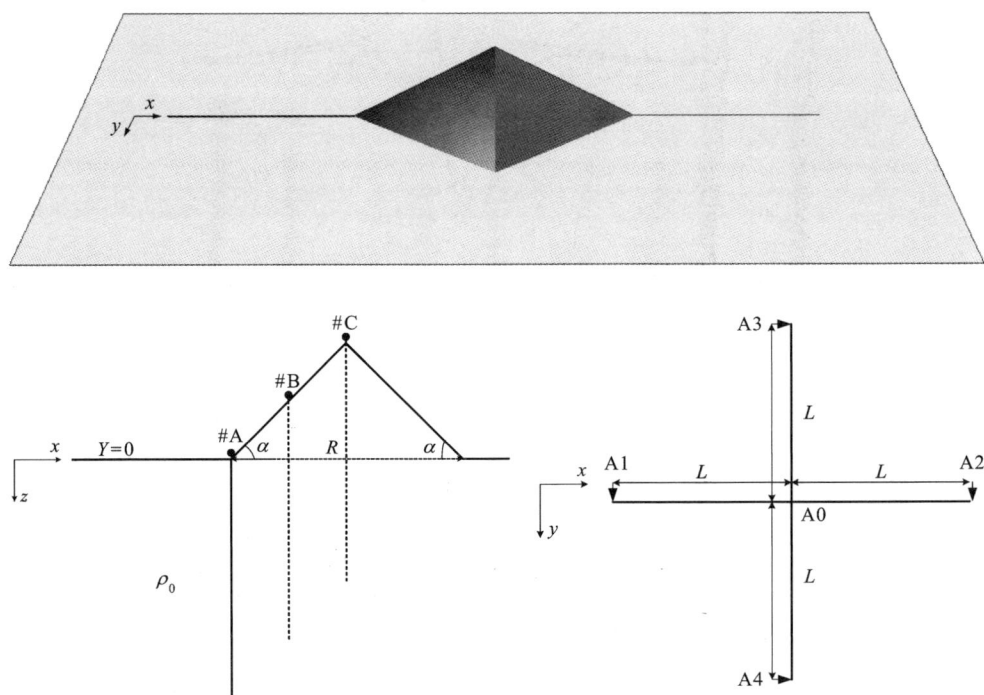

图 3－45　三维山脊地形地－井方位观测示意图

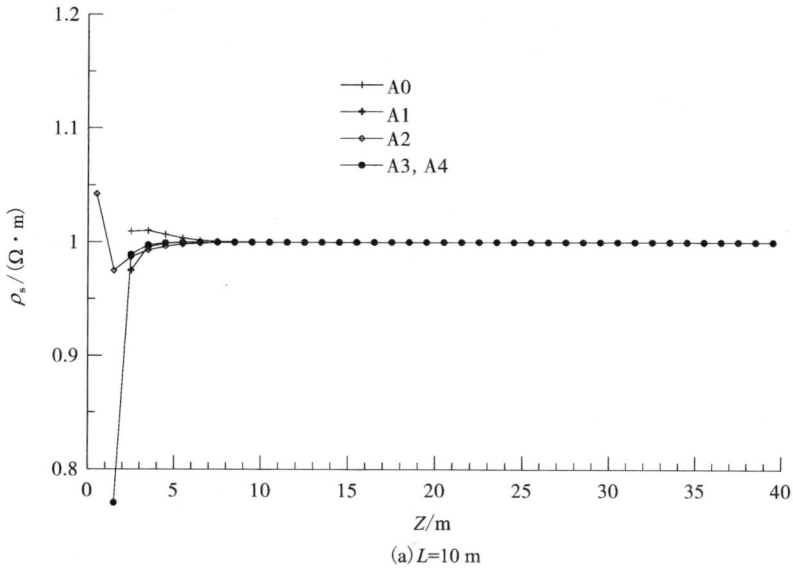

(a) L=10 m

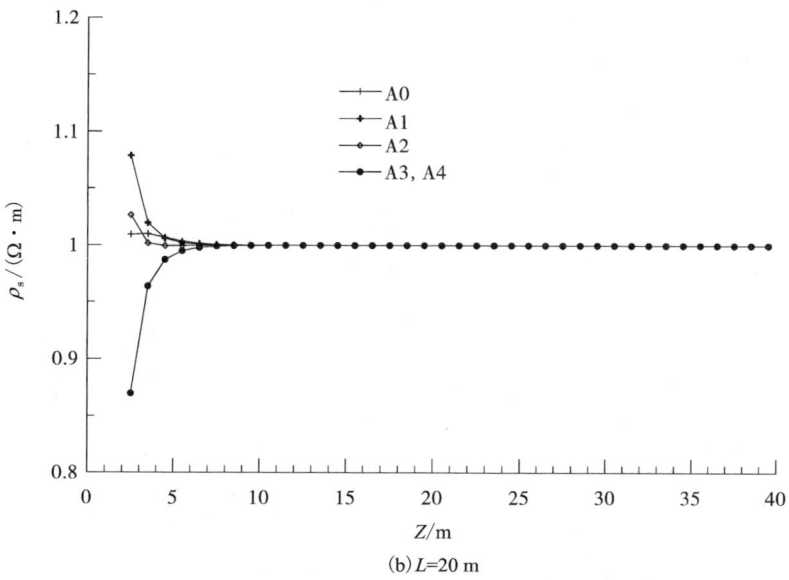

(b) L=20 m

图 3 – 46　山脊地形#A 情况下地 – 井五方位视电阻率曲线

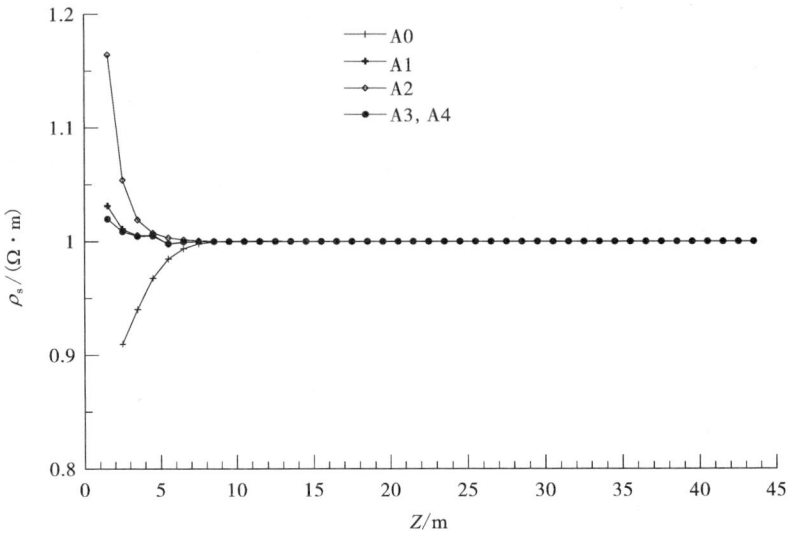

(a) L=10 m

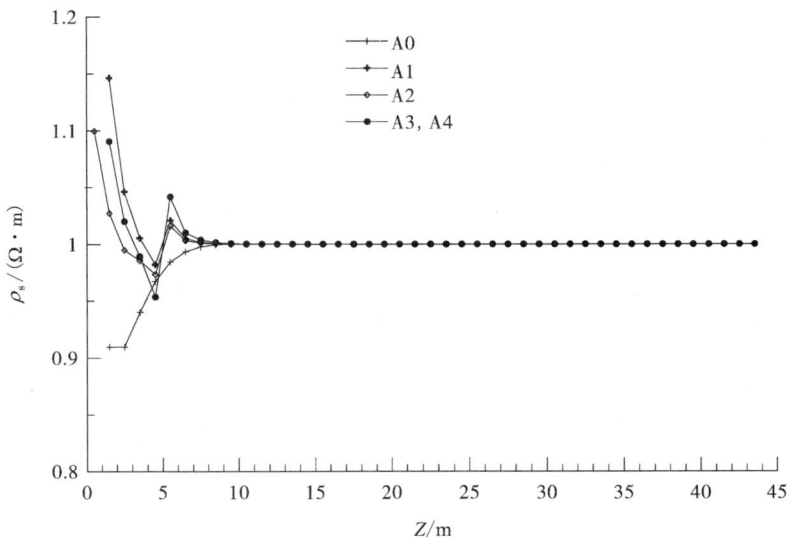

(b) L=20 m

图 3－47　山脊地形#B 情况下地－井五方位视电阻率曲线

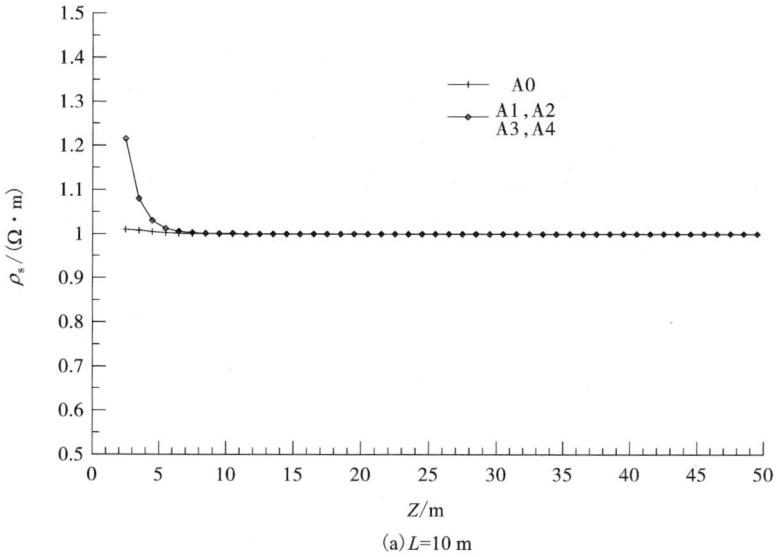

(a) L=10 m

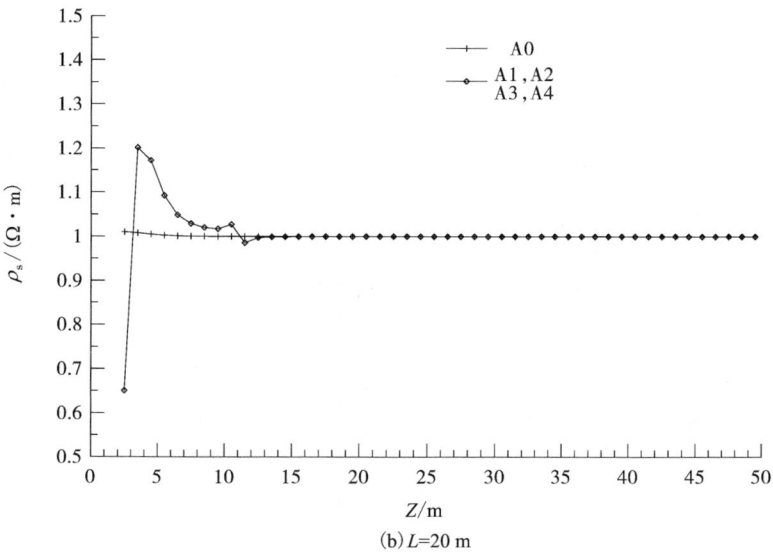

(b) L=20 m

图 3 - 48　山脊地形#C 情况下地 - 井五方位视电阻率曲线

3.4.3 山谷地形

如图 3 – 49 所示，三维倒 "金字塔" 山谷地形，坡度 $\alpha = 45°$，斜坡长 10 m，山谷深 10 m，宽度 $R = 20$ m，计算钻孔位于地形上方 3 种情况下（#A，#B，#C）的地 – 井观测情况，井中观测电极距 $MN = 1$ m，点距 1 m。地下为均匀介质，背景电阻率 $\rho_0 = 1\ \Omega \cdot$ m；A0 ~ A4 五个方位如图 3 – 49 所示，A0 为井口方位，其他四个方位（A1、A2、A3 和 A4）到钻孔的距离相等（L）。图 3 – 50 ~ 图 3 – 52 为山谷地形不同方位 3 种情况下（#A，#B，#C）的视电阻率曲线。

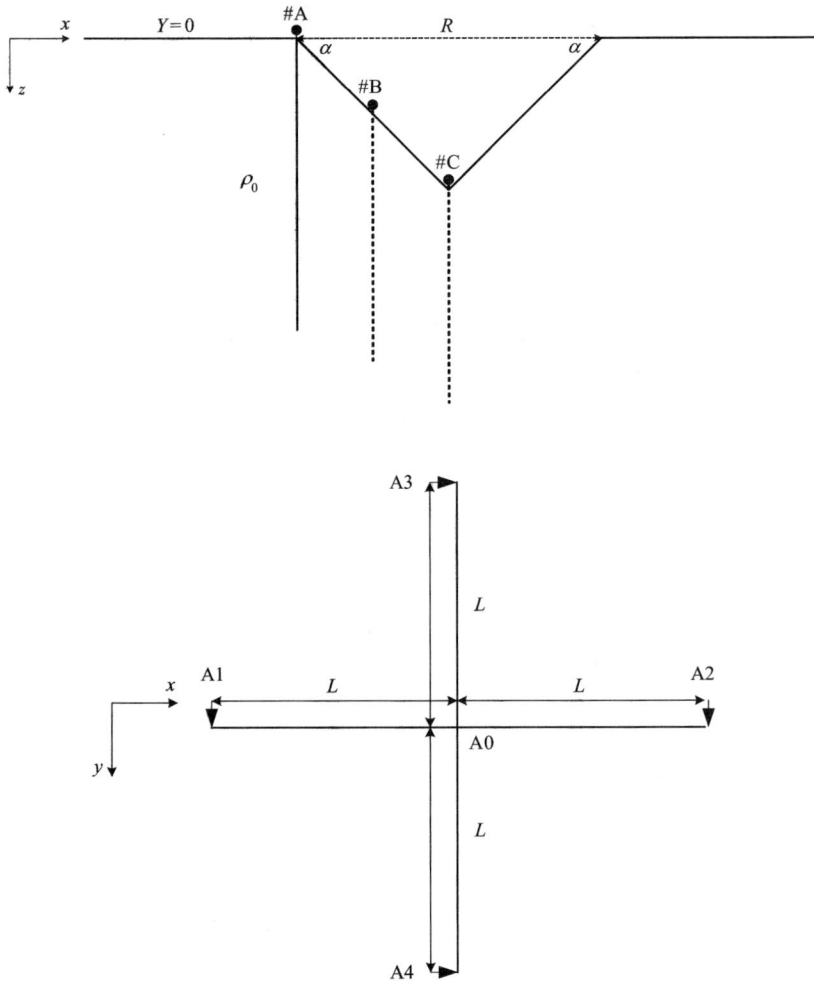

图 3 – 49　三维山谷地形地 – 井方位观测示意图

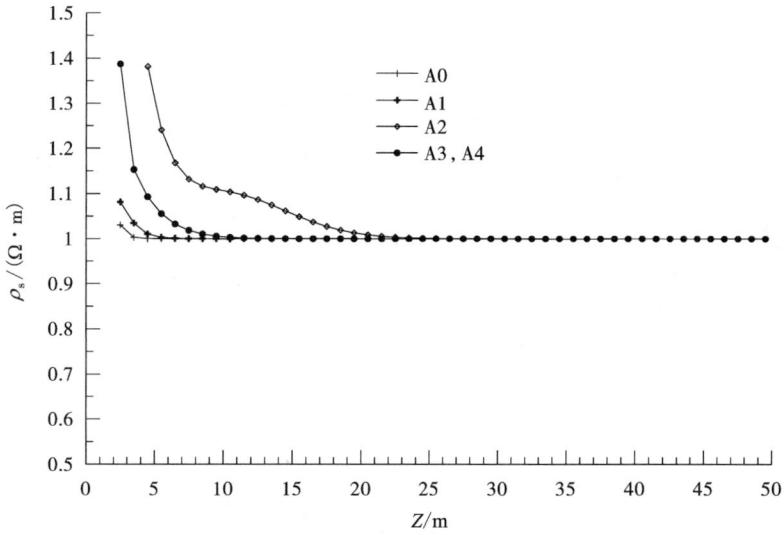

(a) L=10 m

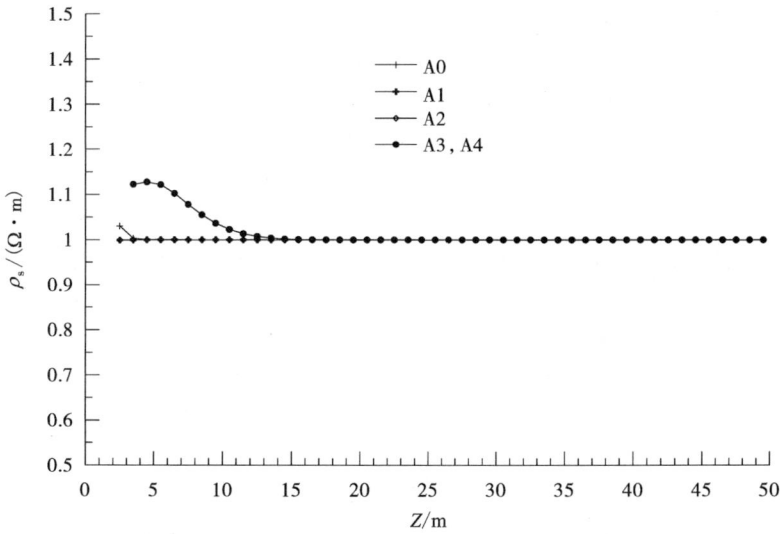

(b) L=20 m

图 3 – 50　山谷地形#A 情况下地 – 井五方位视电阻率曲线

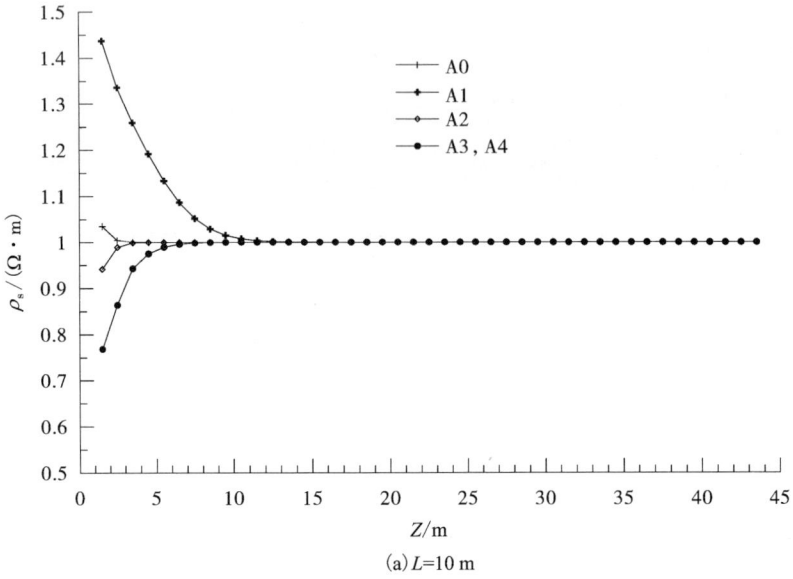

(a)L=10 m

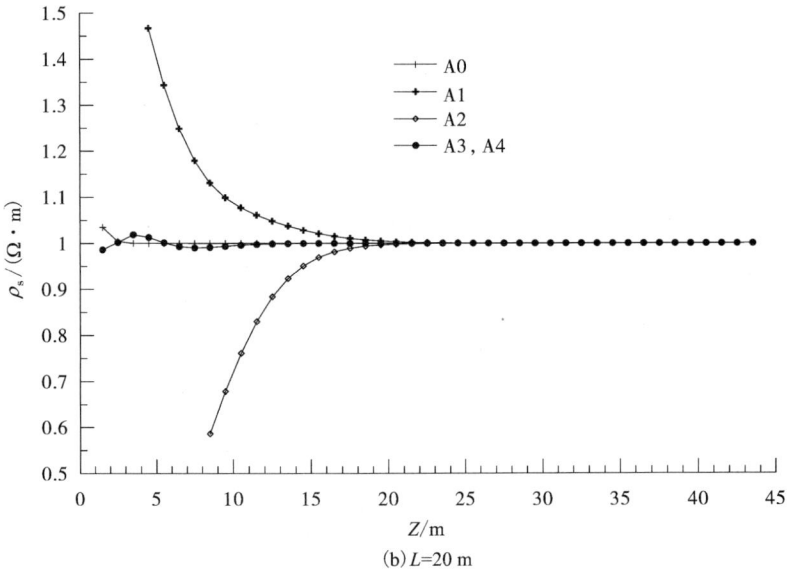

(b)L=20 m

图 3－51　山谷地形#B 情况下地－井五方位视电阻率曲线

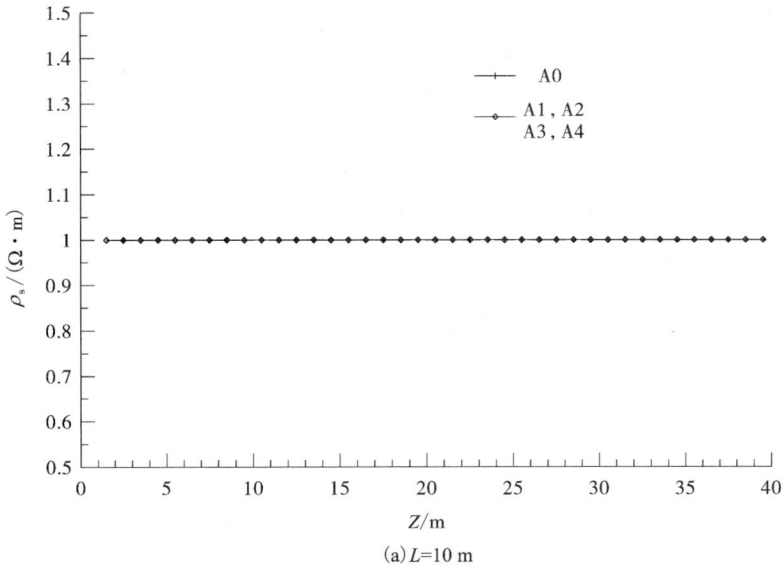

(a) $L=10$ m

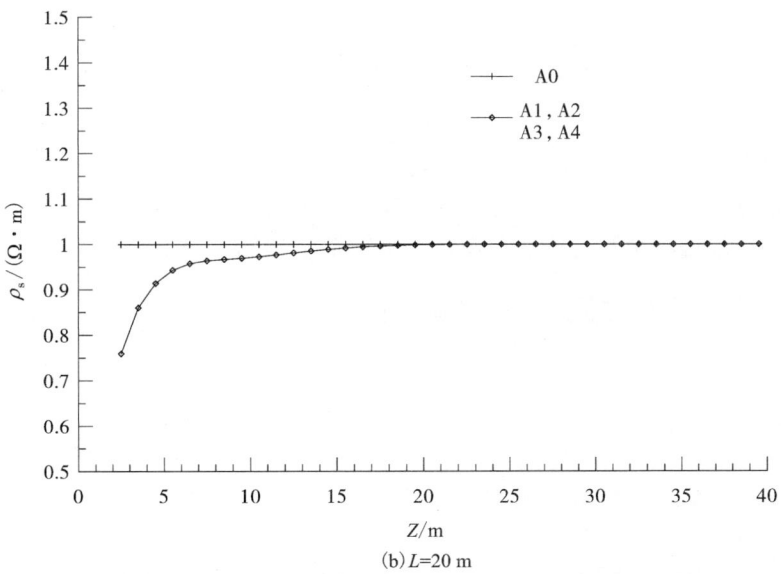

(b) $L=20$ m

图 3 – 52　山谷地形#C 情况下地 – 井五方位视电阻率曲线

同山脊地形一样，山谷地形也主要对浅部数据影响大，深部数据影响小；对其他方位观测影响大，对井口方位观测影响小。另外，地形影响也与观测方位、方位距离等有关。在地-井方位观测实际工作中，方位点的选择应避免跨过多个起伏地形，各个方位尽量沿某个单一坡度方向布设；数据分析解释中，对浅部观测的异常要注意考虑地形的影响，必要时，可借助正演分析地形的影响。

3.5 地-井五方位 IP 的异常特征和实际工作

3.5.1 地-井五方位 IP 异常特征

地-井五方位对井旁附近异常体（盲矿体）有着较好的分辨能力，视电阻率和视极化率曲线对异常体的反映能力较强，且异常直观，而电位和电位梯度对异常体的反映能力较弱。异常特征总结如下：

1）当钻孔穿过异常体，在异常体部位观测到的电位梯度、视电阻率和视极化率曲线异常出现畸变；而当异常体位于钻孔的旁侧时，异常较平缓。

2）同一异常体，主方位、反方位、井口方位观测的曲线异常差异明显，可近似用"电偶极子场"分析异常特征；不同形态异常体，可能得到一样或者相似的异常曲线，从而引起解释的多解性。

3）地-井五方位观测曲线异常幅值随异常体埋深变化不大，但随异常体的水平位置远离钻孔而迅速衰减。这表明，地-井五方位 IP 对探测井旁附近深部盲矿体是非常有效的，但探测盲矿体的范围确是非常有限的。

4）钻孔大小、环境和地形等都会对地-井五方位观测数据有一定干扰，但它们主要对浅部观测数据影响大，而对深部观测数据影响小。

3.5.2 地-井五方位 IP 的实际工作

在地-井五方位 IP 的实际工作中，结合上述的分析讨论，重点应注意以下几个方面：

1）数据整理：电位、电位梯度观测对异常体的反映能力较差；而视电阻率和视极化率数据对异常体的反映能力强，因此，应以视电阻率和视极化率异常的分析、解释为主。

2）方位布设：观测方位应尽量布设在异常体（盲矿体）的主方位和反方位上，以获得较大的异常分辨率。

3）地形和钻孔影响：钻孔、地形主要对浅部观测数据影响大，实际工作中，可通过加大观测电极距、改变供电方位等方法减小地形、钻孔对观测数据的影响，甚至可以不采集浅部数据；必要时，也可借助正演计算了解地形、钻孔对观测数据的影响大小。

4）异常分析和推断解释：在实测数据的推断解释中，可遵循"先井口，后其他方位"的分析方法，先对井口方位观测曲线进行分析，初步断定异常体的电性特征、大致埋深和倾向；然后对比分析其他方位曲线异常特征，重点对比异常幅值大小、形态差异，推断异常的赋存方位。

总之，地－井五方位 IP 观测异常不仅受异常体的大小、形态、位置等参数影响，还与观测方位、工作参数、地形和钻孔环境等多个因素有关，反演解释还存在多解性，因此在实际工作中，应充分结合钻探和地质信息进行综合分析解释。

3.6　本章小结

1）计算并分析了立方体和不同形态板状体地－井五方位 IP 异常特征。

2）分析总结了异常体位置、参数变化，方位距离变化、钻孔大小、观测环境和地形等对地－井五方位 IP 异常的影响规律，对实际生产有一定的指导意义。

3）依据地－井不同方位观测曲线的异常特征，提出了快速定位异常体（盲矿体）的方法。

4）总结整理了地－井五方位 IP 实际工作中重点应注意的事项，提出了一些建议。

第4章 井 - 地 IP 异常研究

井 - 地 IP，又称井中激电充电法，是井中激电中常用工作方式之一[89]，泛指在井中供电，地面测量的激发极化法。由于井 - 地充电法是在靠近目标体的地方供电，在查明目标体（异常体）的空间分布、形态、产状和延伸等方面效果良好，因此在金属矿勘探、危机矿山调查、石油勘探等领域应用广泛[81, 89 - 92]。近年来，随着国家对资源勘查的投入加大，油田、矿山的钻孔、坑道的数量在不断增加，为井 - 地 IP 提供了广阔的应用平台。目前，井 - 地 IP 已经成为深部矿产勘查的一个重要手段，并在当前的危机矿山勘查等领域广泛应用。

过去对良导体的充电法研究较多，但对于非等位体，异常体形状、参数、充电点位置等都会影响充电异常，研究成果较少。而在井 - 地充电激电法实际工作中，非等位体是常见的异常体，例如，浸染状矿体、硫化矿体等。为此，本章在三维有限元计算程序的基础上，以非等位体为研究对象，对井 - 地激电充电法进行以下两个方面的分析研究：

1）立方体、板状体等典型非等位体的充电激电异常特征；

2）异常体埋深、充电点位置变化对充电异常的影响分析。

4.1 非等位体和井 - 地 IP 数据观测

非等位体是一个相对的概念，通常指异常体电阻率与背景电阻率差异不太大。为了便于计算分析，参照常规理解，本书对非等位体给出一个界定，即 $\mu \in [0.1, 10]$。其中 $\mu = \rho_A / \rho_0$，为异常体电阻率与背景电阻率的比值，即电阻率差异在一个数量级之内。井 - 地激电充电法多用于探查低阻高极化异常体，所以本章重点讨论低阻高极化非等位体的井 - 地激电充电异常特征和规律。

4.2　典型非等位体的井 – 地充电 IP 异常特征

4.2.1　立方体的充电激电异常特征

1. 异常体中心充电的激电异常特征

立方异常体是较常见的地电模型之一。下面将计算非等位立方异常体中心充电的井 – 地 IP 异常，了解立方体的井 – 地充电激电异常特征。

模型如图 4 – 1 所示，为了便于叙述和分析，以异常体中心在地面的投影点为坐标原点，测线沿 x 方向布设，充电点 A 在异常体中心位置，模型电阻率、极化率等参数为：$\rho_0 = 100\ \Omega \cdot m$，$\eta_0 = 0$；$\rho_1 = 10.0\ \Omega \cdot m$，$\eta_1 = 50\%$；$h = 6\ m$，$d = 4\ m$；$MN = 1\ m$。

图 4 – 2、图 4 – 3 和图 4 – 4 分别为立方异常体井 – 地激电充电法视电阻率和视极化率平面异常和主剖面线异常曲线。

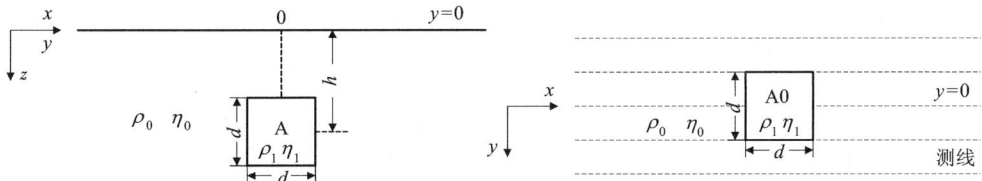

图 4 – 1　立方异常体模型示意图

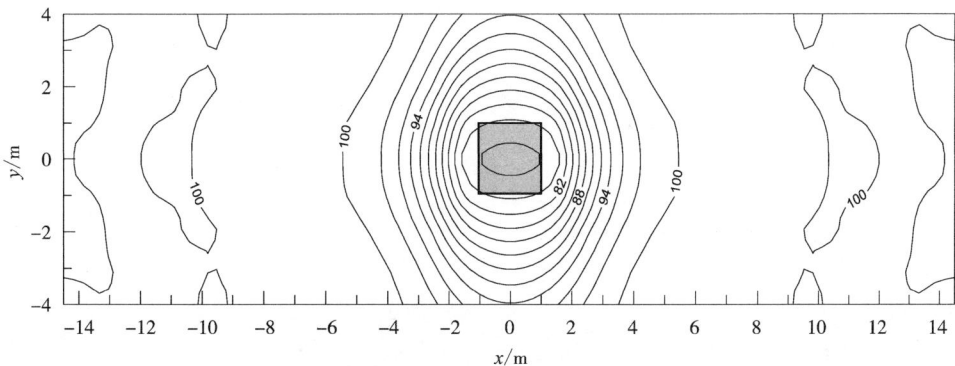

图 4 – 2　立方异常体井 – 地激电充电法视电阻率平面图

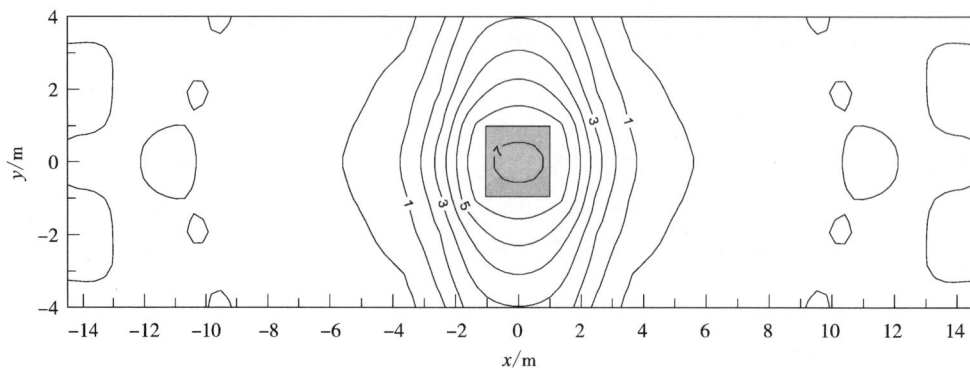

图4-3 立方异常体井-地激电充电法视极化率平面图

图4-2、图4-3和图4-4的结果说明,在非等位立方体中心位置充电,电位梯度在异常体正上方出现零值点,视电阻率和视极化率的异常较好地显示出了异常体的低阻高极化特性,异常峰值与异常体的水平位置对应。

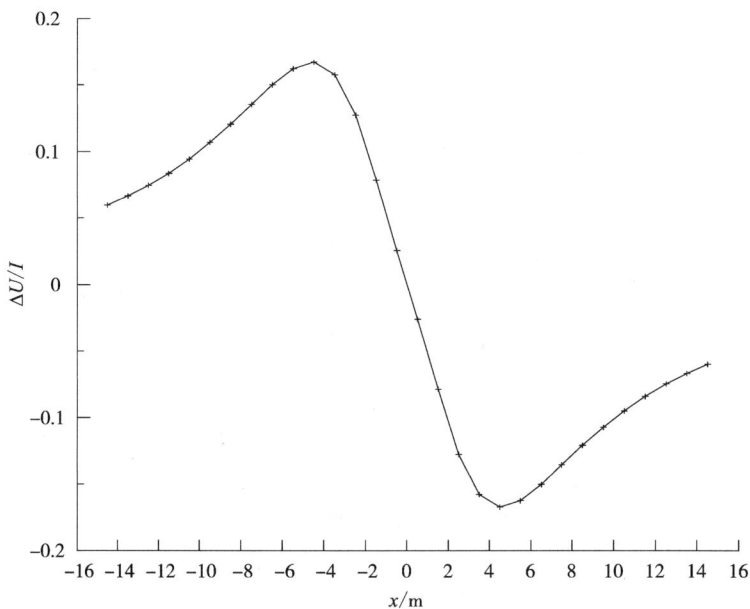

(a)归一化电位梯度

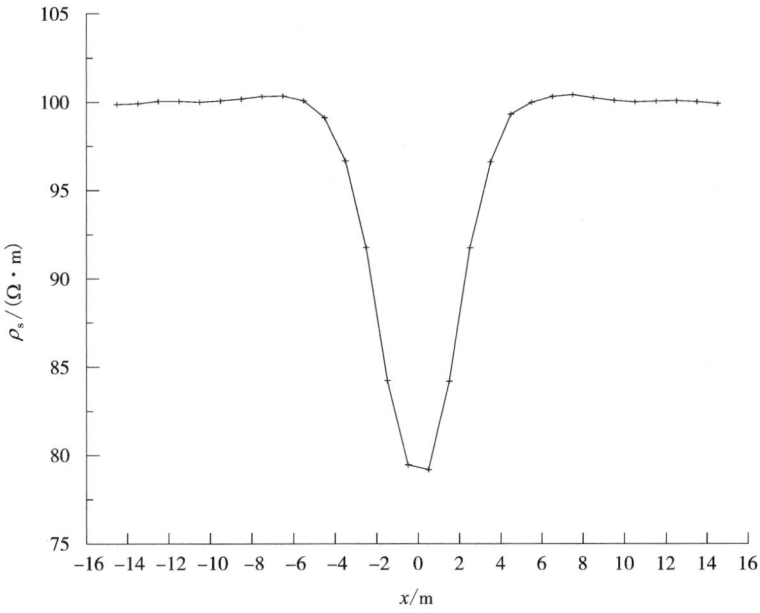

(b) 视电阻率

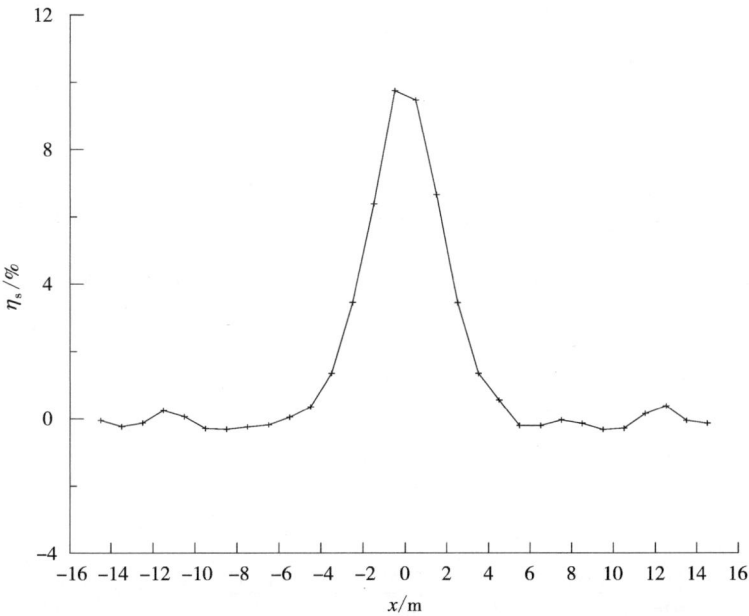

(c) 视极化率

图 4 – 4 立方异常体主剖面线上井 – 地激电充电电位梯度、视电阻率和视极化率曲线

2. 异常体的电阻率、埋深变化对井－地激电异常影响

以图 4－1 的地电模型为例，计算异常体电阻率和埋深变化对视电阻率和视极化率观测的影响。其模型参数为：$\rho_0 = 100\ \Omega \cdot m$，$\eta_0 = 0$；$\eta_1 = 50\%$；$h = 6\ m$，$d = 4\ m$；$MN = 1\ m$，取 $\rho_1 / \rho_0 = 0.1, 0.2, 0.4$。

图 4－5 是异常体位置、大小不变，在异常体中心充电主剖面线上视电阻率和视极化率曲线随异常体电阻率的变化情况。

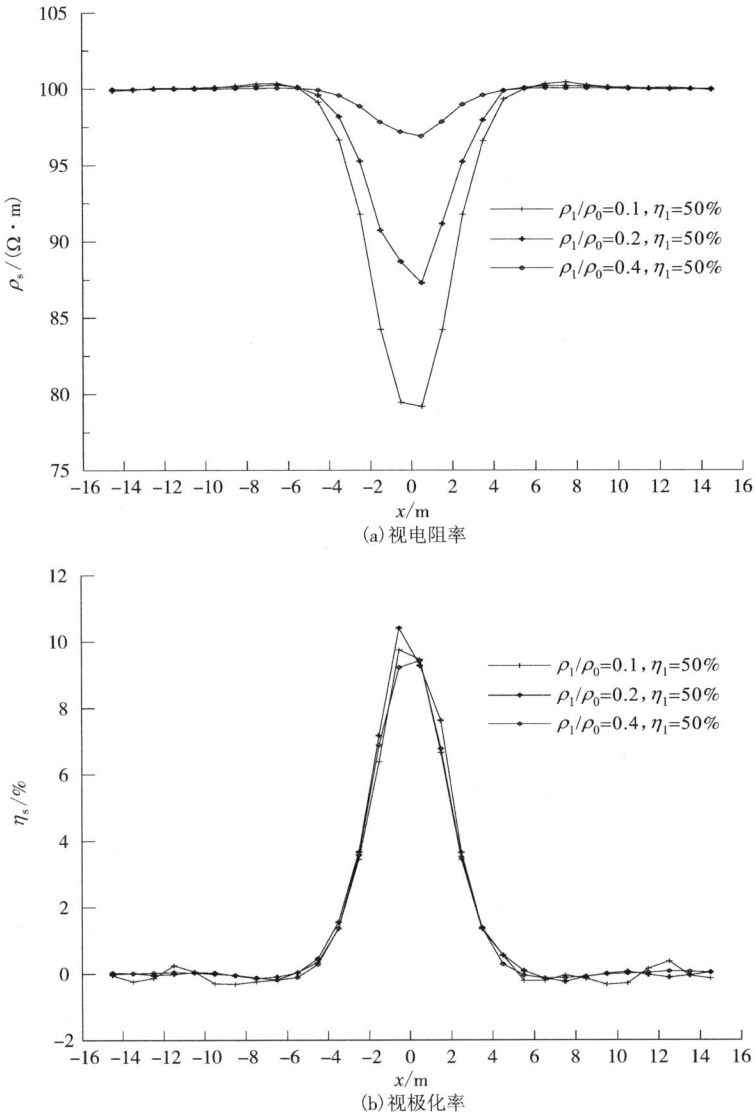

(a) 视电阻率

(b) 视极化率

图 4－5　主剖面上视电阻率和视极化率异常随异常体电阻率变化曲线

随着异常体电阻率与背景电阻率差异（ρ_1/ρ_0）变小，视电阻率异常幅值逐渐变小，而极化率异常几乎不变，所以，即使目标体（异常体）与背景仅有极化率差异，应用井 – 地激电充电法激电探测也是可行的。

仍以图 4 – 1 的地电模型为例，计算异常体埋深变化对井 – 地激电的影响。其模型参数为：$\rho_0 = 100\ \Omega \cdot m$，$\eta_0 = 0$；$\rho_1 = 10\ \Omega \cdot m$，$\eta_1 = 50\%$；$d = 4\ m$；$MN = 1\ m$，取 $h/d = 1.0$，1.5，2.0，2.5，3.0。

图 4 – 6 是异常体大小不变，在异常体中心充电主剖面线上视电阻率和视极化率曲线随异常体埋深的变化情况。计算结果表明，异常体中心充电观测的视电阻率和视极化率异常幅值都随异常体埋深的增大而迅速减弱。

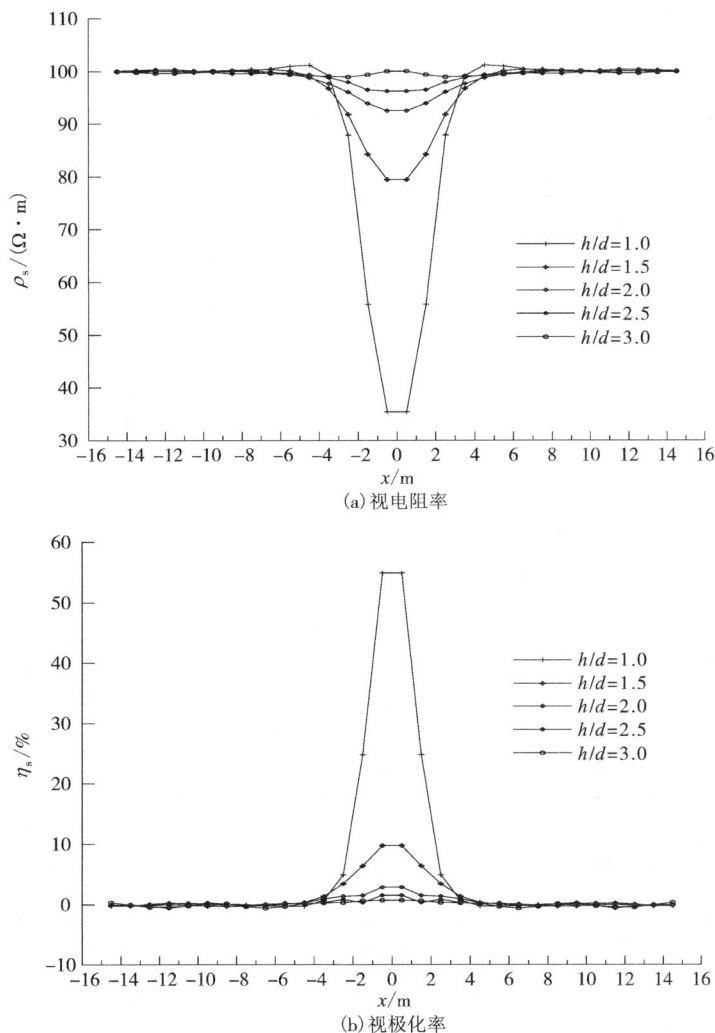

(a) 视电阻率

(b) 视极化率

图 4 – 6　主剖面上视电阻率和视极化率异常随异常体埋深变化曲线

3. 充电点位置变化对井－地激电异常影响研究

在非等位立方异常体内不同位置充电，计算和分析了充电井－地激电异常规律。地电模型参见图4－1，模型参数为：$\rho_0 = 100\ \Omega \cdot m$，$\eta_0 = 0$；$\rho_1 = 10\ \Omega \cdot m$，$\eta_1 = 50\%$；$d = 4\ m$；$MN = 1\ m$。以异常体中心点在地面点的投影位置为坐标原点，沿 x 方向布设测线。充电位置如图4－7所示，分别在立方异常体的12个位置充电。图4－8、图4－9和图4－10分别为不同充电点的主剖面线上（$y = 0$）电位梯度、视电阻率和视极化率曲线。为了更清楚了解井－地激电充电的异常特征，在附图F1－1和F1－2分别给出了这12个不同位置充电地面获得的视电阻率和视极化率异常体平面图。

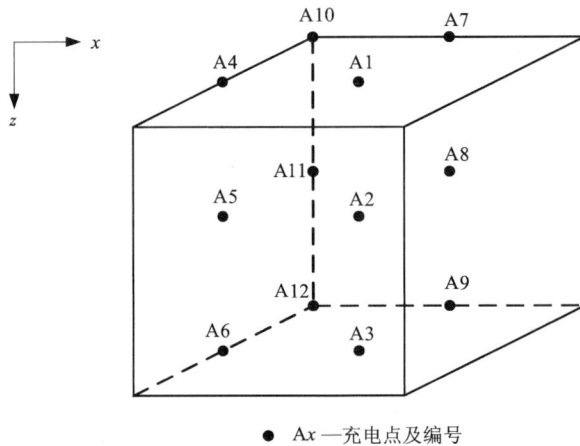

● Ax —充电点及编号

图4－7 立方异常体充电位置示意图

图4－8、图4－9、图4－10、附录F1－1和附录F1－2的结果表明，在非等位体的不同位置充电，得到的异常大小、形态差异很大，异常特征总结如下：

1）对于立方异常体而言，激电异常的对称性特征反映了充电点相对异常体在观测方向上的对称情况，畸变特征是判断充电点不对称的重要标志。

2）对于低阻高极化立方异常体而言，在其上表面或异常体中心点充电，得到正常的低阻高极化异常（A3，A9，A2，A8）；而在异常体下表面充电，得到相反的高阻低极化异常（A1，A7）；在异常体上表面充电得到的异常幅值最大。

3）在异常体的外表面充电，沿测线上异常体不对称于充电点时（A4，A5，A6，A10，A11，A12），对应充电位置附近会出现明显的视电阻率高、低和视极化率的正、负的异常畸变。

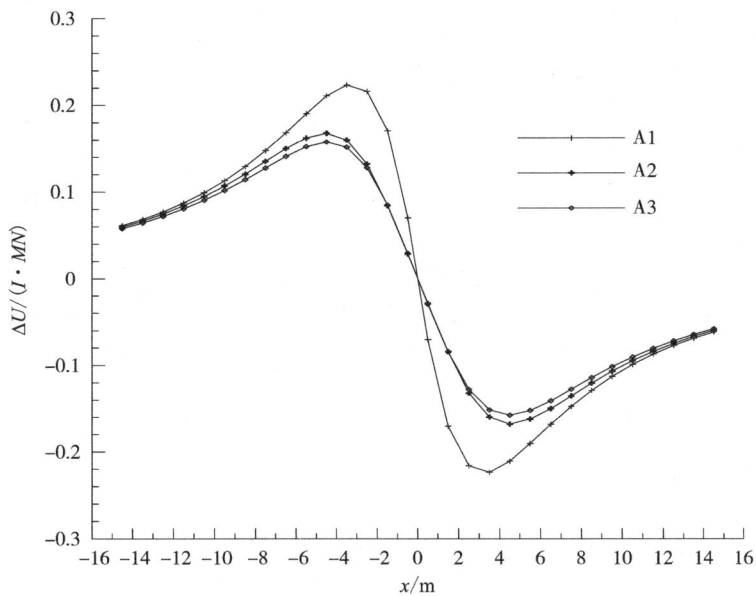

(a) A1, A2, A3充电点

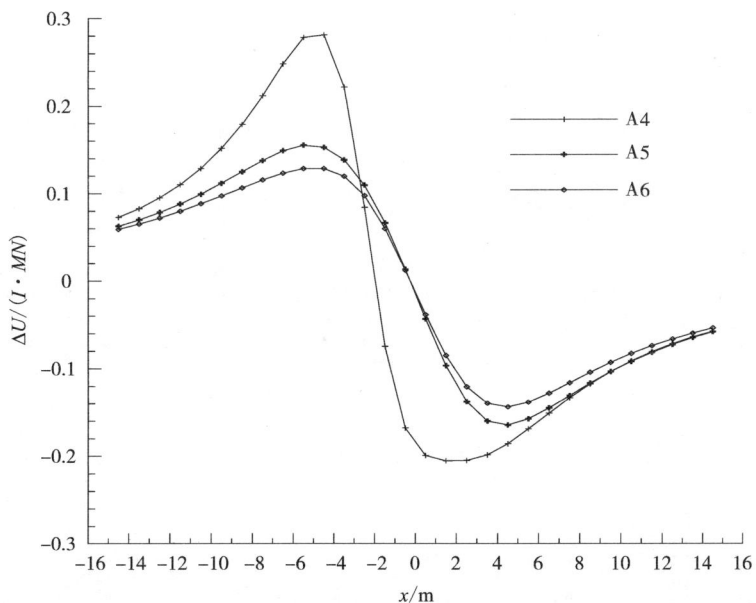

(b) A4, A5, A6充电点

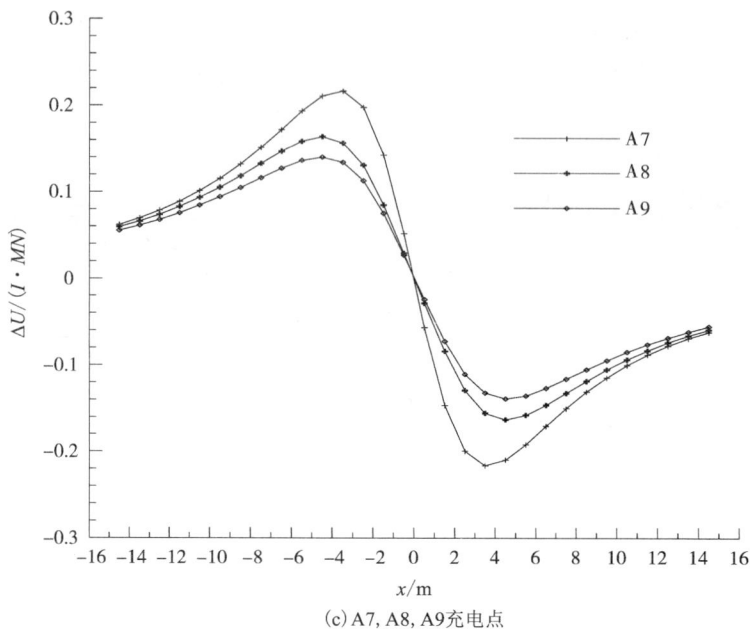

(c) A7, A8, A9充电点

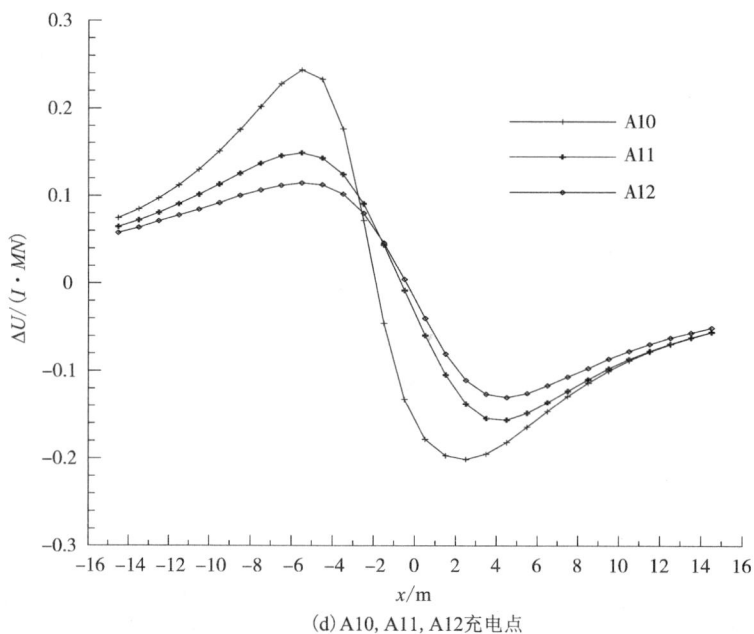

(d) A10, A11, A12充电点

图 4 − 8　不同充电点主剖面线上（$y = 0$）电位梯度异常曲线

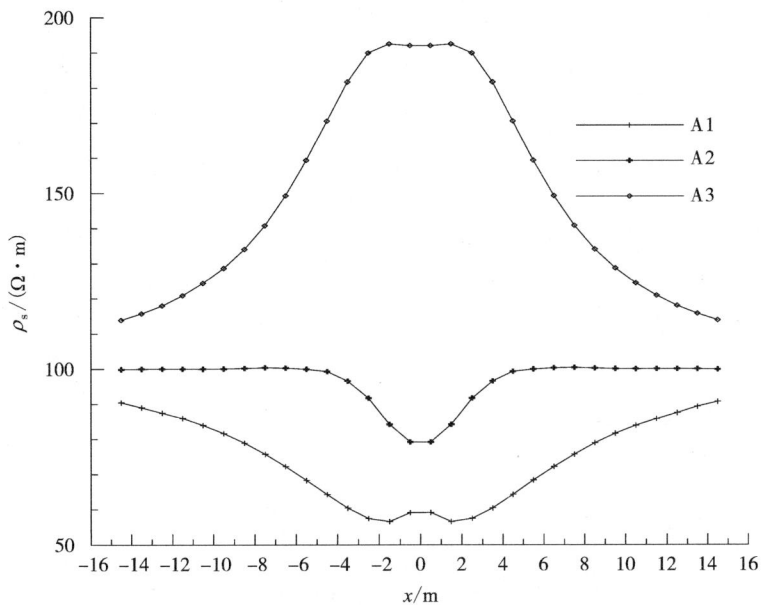

(a) A1, A2, A3充电点

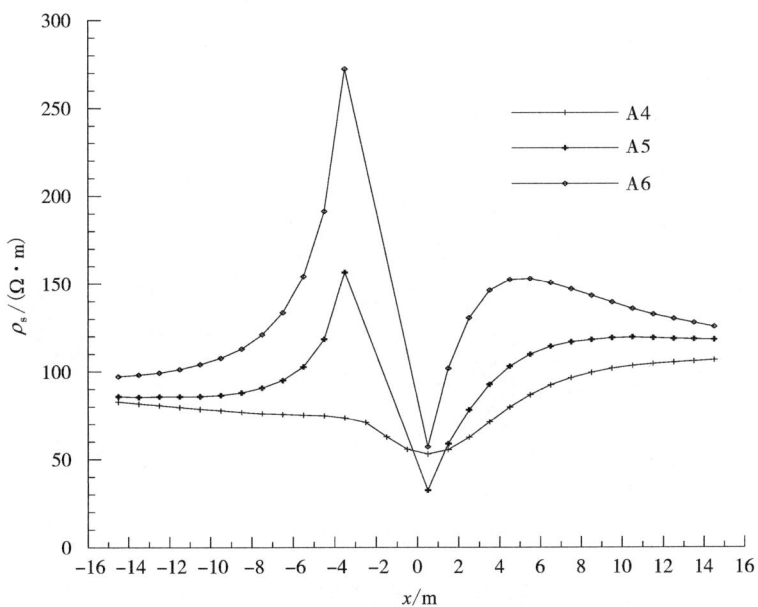

(b) A4, A5, A6充电点

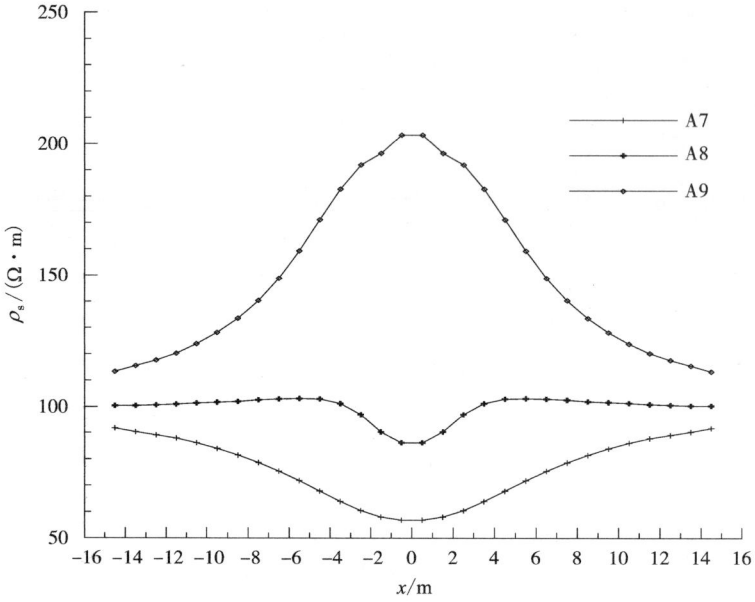

(c) A7, A8, A9充电点

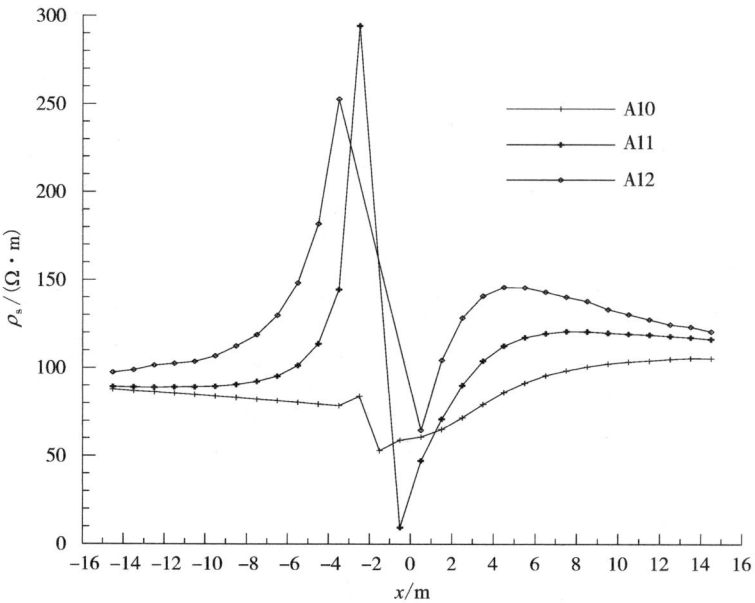

(d) A10, A11, A12充电点

图4－9 不同充电点主剖面线上($y=0$)视电阻率异常曲线

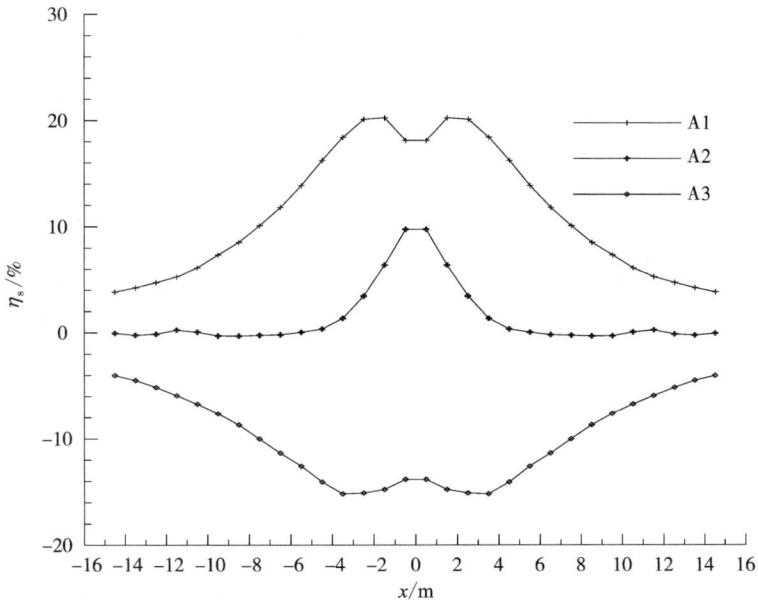

(a) A1, A2, A3 充电点

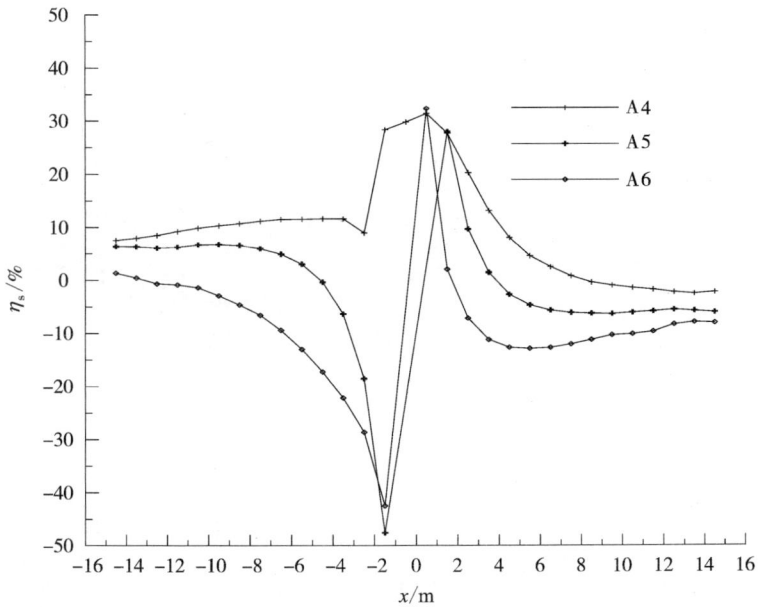

(b) A4, A5, A6 充电点

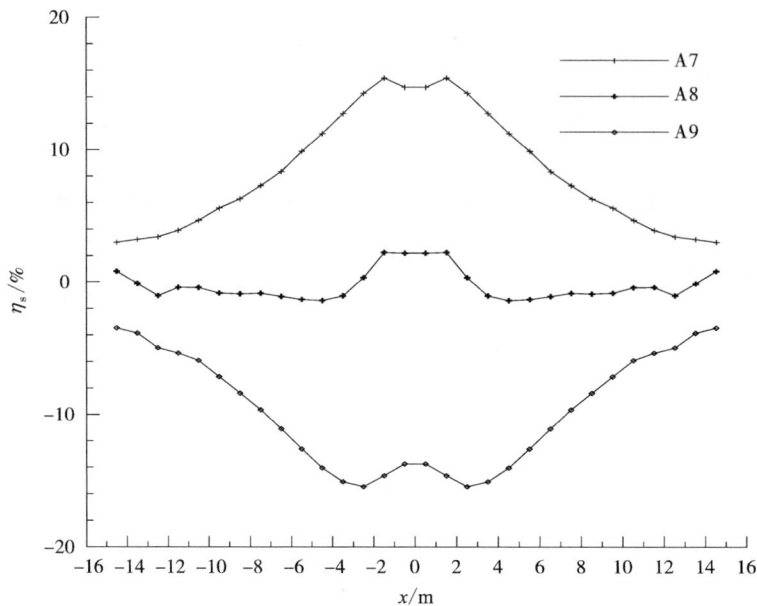

(c) A7, A8, A9充电点

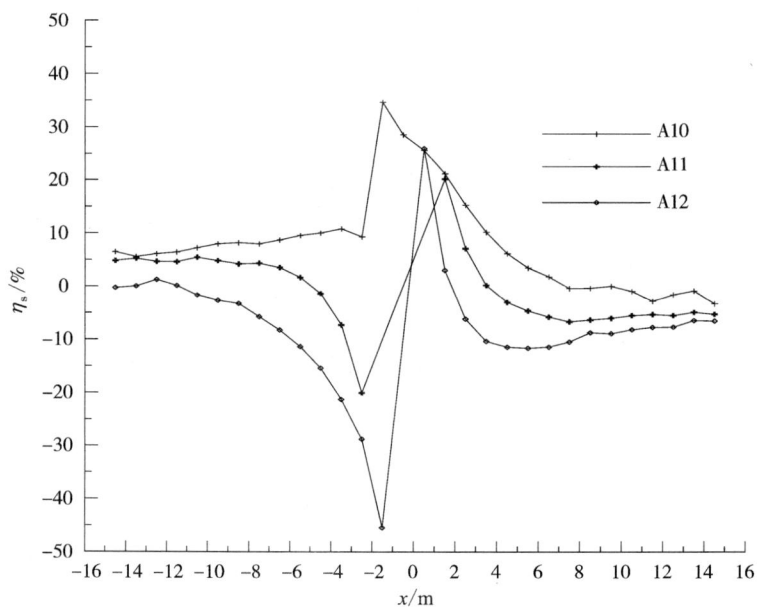

(d) A10, A11, A12充电点

图 4 - 10　不同充电点主剖面线上($y = 0$)视极化率异常曲线

4.2.2 板状体的充电激电异常特征

板状体也是常见的异常体形态之一，例如脉状、层状矿体等，下面对常见的水平、垂直和倾斜三类非等位板状体的激电充电异常进行计算分析。

1. 水平板状体

三维水平板状体模型如图 4 – 11 所示，板状体中心在地面的投影点为坐标原点，测线沿 x 方向布设。模型参数如下：$\rho_0 = 100\ \Omega \cdot m$，$\eta_0 = 0$；$\rho_1 = 10\ \Omega \cdot m$，$\eta_1 = 50\%$；$h = 7\ m$，$a = 10\ m$，$c = 8\ m$，$b = 2\ m$，$MN = 1\ m$。分别在 5 个点充电，分析其异常特征。

5 个不同充电点的位置坐标如表 4 – 1 所示。

表 4 – 1 5 个不同充电点的位置坐标

充电点编号	A1	A2	A3	A4	A5
充电点位置	$(0, 0, 8)$	$(-4, 0, 8)$	$(-6, 0, 8)$	$(0, 0, 6)$	$(0, 0, 10)$

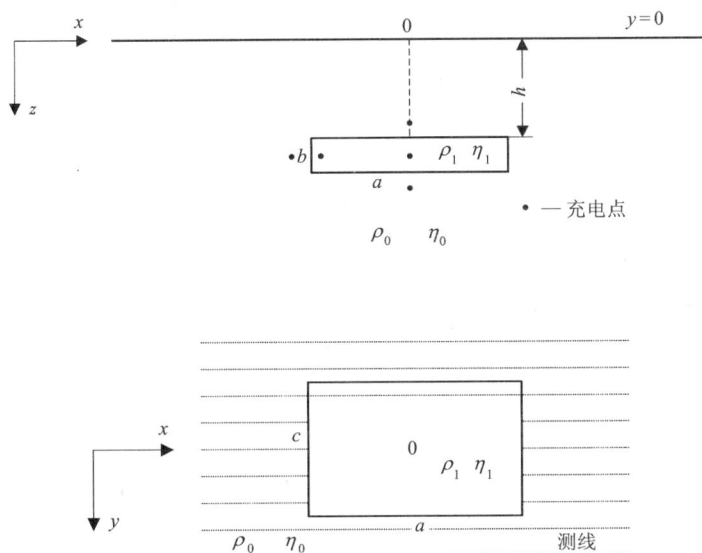

图 4 – 11 不等位水平板状体模型示意图

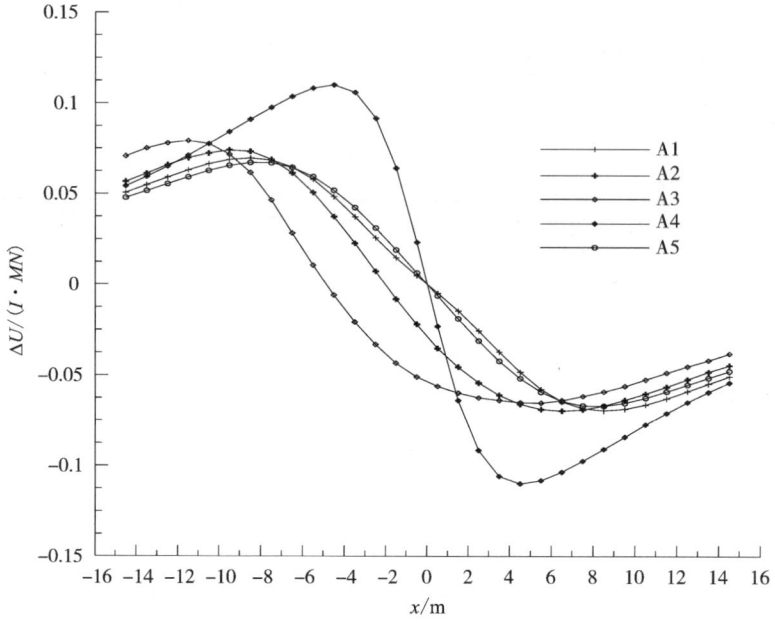

(a) 电位梯度

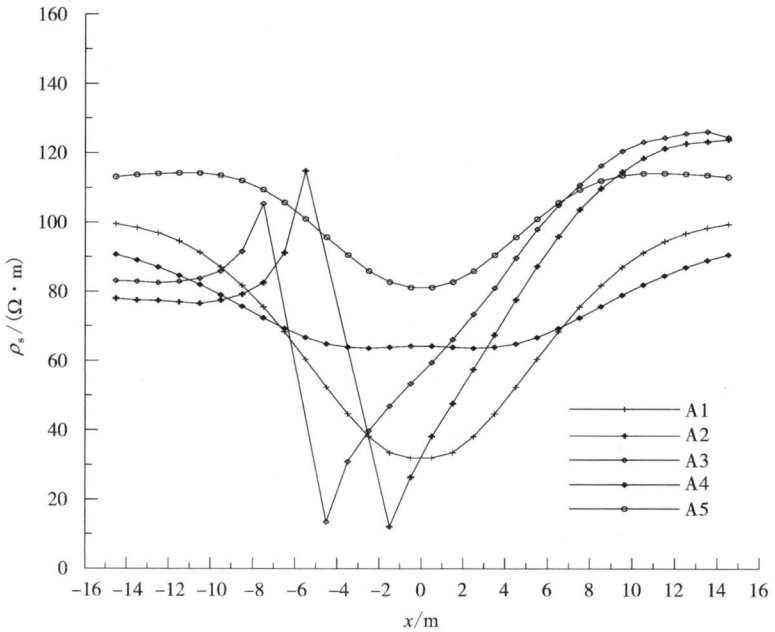

(b) 视电阻率

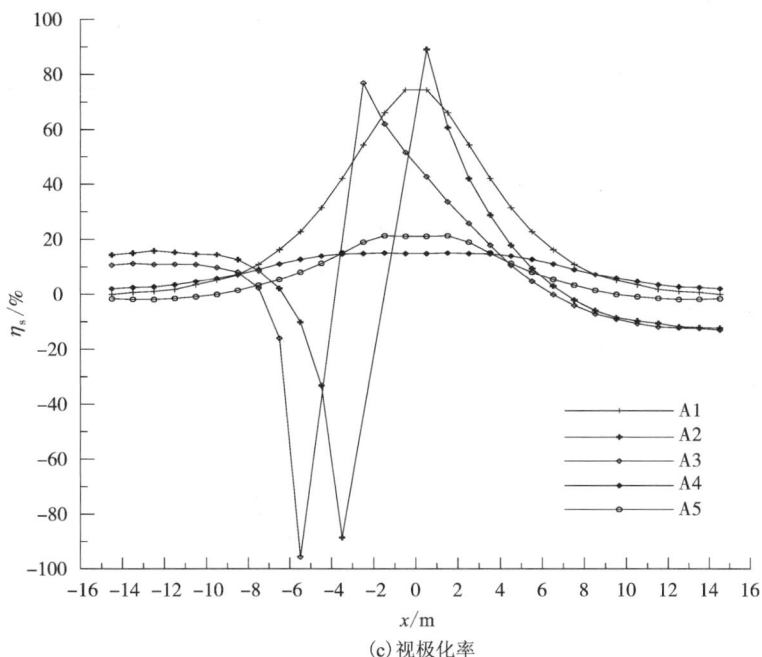

(c) 视极化率

图 4 – 12　水平板状体不同位置充电点主剖面线上电位梯度、视电阻率和视极化率异常曲线

　　充电点 A1, A2 在异常体内, A3, A4 和 A5 在异常体外。图 4 – 12 为 5 个不同充电点的主剖面线 (y = 0) 上的电位梯度、视电阻率和视极化率曲线。可以看到, 在水平板状体的不同位置充电, 得到的激电异常也存在明显差异。在水平板状体中心位置充电得到理想的低阻高极化异常, 曲线对称, 异常幅值较大; 而在水平板状体上方和下方位置充电, 异常幅值相对较小; 当充电位置在水平板状体一侧时, 电位梯度、视电阻率和视极化率异常明显不对称, 在充电点位置附近出现视电阻率和视极化率异常畸变。

2. 垂直板状体

　　三维垂直板状体模型如图 4 – 13 所示, 以板状体中心在地面的投影点为坐标原点, 沿 x 方向布设测线。模型参数如下: $\rho_0 = 100\ \Omega \cdot m$, $\eta_0 = 0$; $\rho_0 = 10\ \Omega \cdot m$, $\eta_1 = 50\%$; $h = 12m$, $a = 2\ m$, $c = 8\ m$, $b = 10\ m$, $MN = 1\ m$, 分别在 6 个点充电, 分析其异常特征。

6 个不同充电点的位置坐标如表 4-2 所示。

表 4-2   6 个不同充电点的位置坐标

充电点编号	A1	A2	A3	A4	A5	A6
充电点位置	(0, 0, 6)	(0, 0, 8)	(0, 0, 12)	(0, 0, 16)	(0, 0, 18)	(-2, 0, 12)

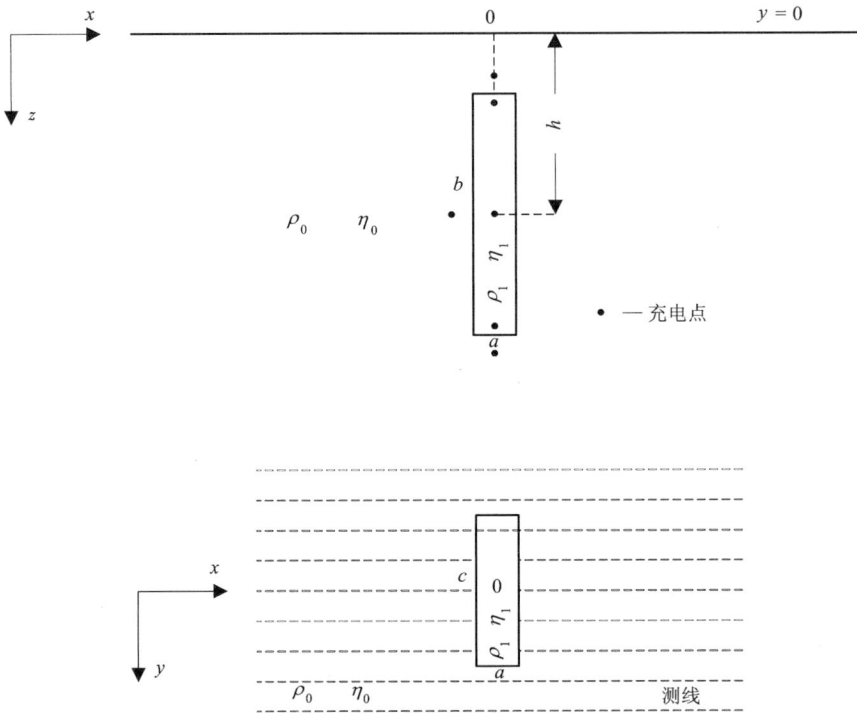

图 4-13   不等位垂直板状体模型示意图

充电点 A2，A3 和 A4 在异常体内，A1，A5 和 A6 在异常体外。图 4-14 为 6 个不同充电点的主剖面线($y=0$)上的归一化电位梯度、视电阻率和视极化率异常曲线。计算结果表明，在低阻高极化垂直板状体的顶部及上半部分位置充电，可观测到低阻高极化异常；在垂直板状体中心以下位置充电(A4 和 A5)，观测到高阻低极化异常。当充电位置在垂直板状体旁侧时，电位梯度、视电阻率和视极化率异常明显不对称性，出现视电阻率和视极化率高低异常畸变。

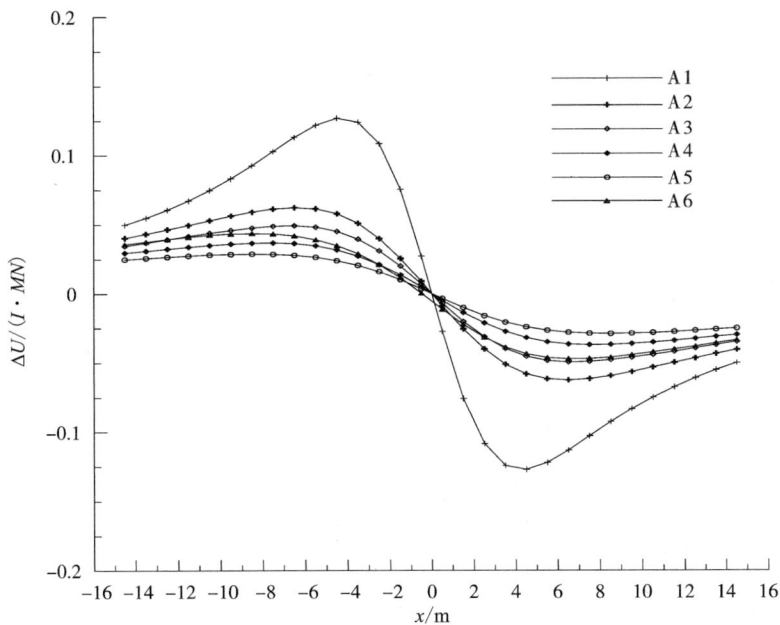

(a) 归一化电位梯度

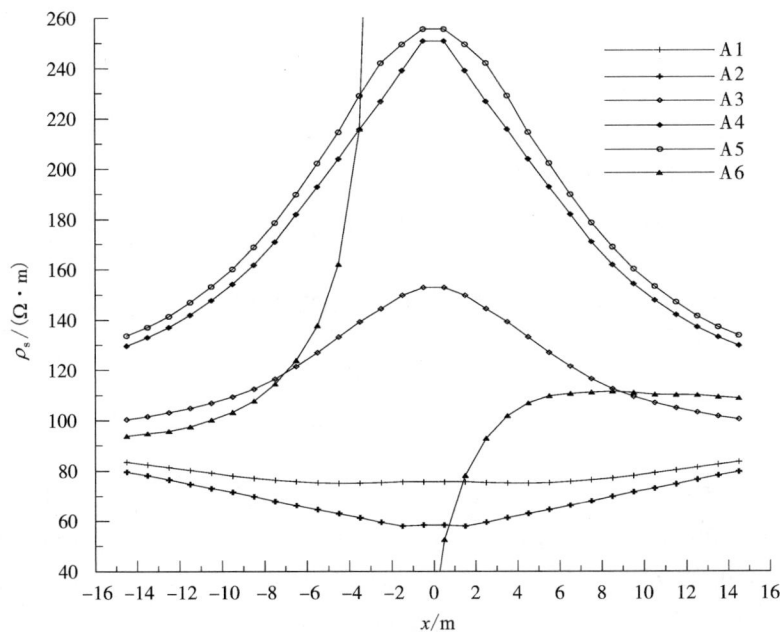

(b) 视电阻率

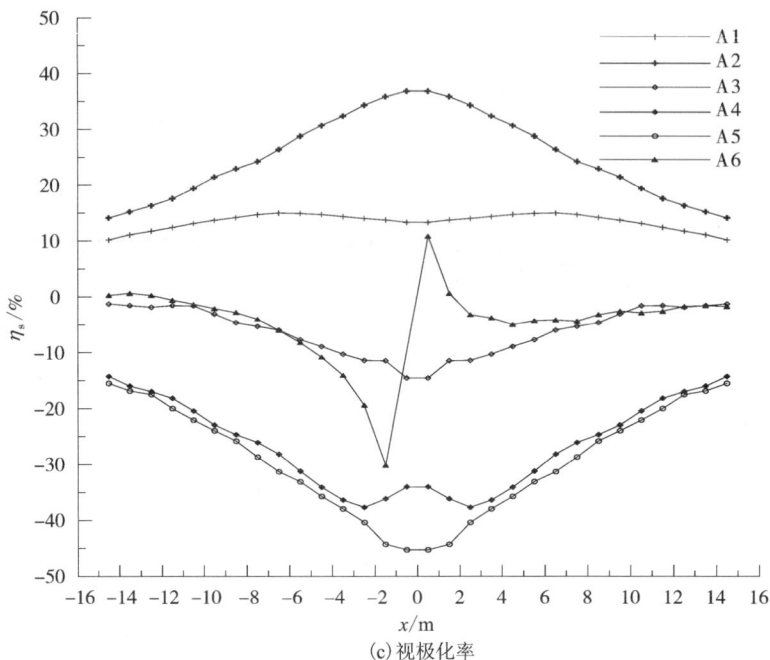

(c)视极化率

图4-14 垂直板状体不同位置充电点主剖面线上电位梯度、视电阻率和视极化率异常曲线

3. 45°倾斜板状体

45°倾斜板状体模型如图4-15所示,以板状体中心在地面的投影点为坐标原点,沿 x 方向布设测线。模型参数为: $\rho_0 = 100\ \Omega \cdot m$, $\eta_0 = 0$; $\rho_0 = 10\ \Omega \cdot m$, $\eta_1 = 50\%$; $h = 10\ m$, $a = 10\ m$, $c = 8\ m$, $b = 10\ m$, $d = 2\ m$; $MN = 1\ m$ 。分别在5个位置点充电,计算、分析其异常特征。

5个不同充电点的位置坐标如表4-3所示。

表4-3 5个不同充电点的位置坐标

充电点编号	A1	A2	A3	A4	A5
充电点位置	(5, 0, 6)	(0, 0, 10)	(-5, 0, 14)	(-2, 0, 10)	(2, 0, 10)

图4-16为倾斜板状体5个不同充电点的主剖面线($y = 0$)上的归一化电位梯度、视电阻率和视极化率异常曲线。充电点A1、A2和A3分别在异常体顶部、中心和底部,A4和A5在异常体外左、右两侧。计算结果表明:对于倾斜异常体,视电阻率和视极化率曲线明显不对称,在充电点位置附近出现异常畸变。在板状体倾向方向,电位梯度曲线变化较平缓,其绝对值的峰值连线与板状体倾向一致。

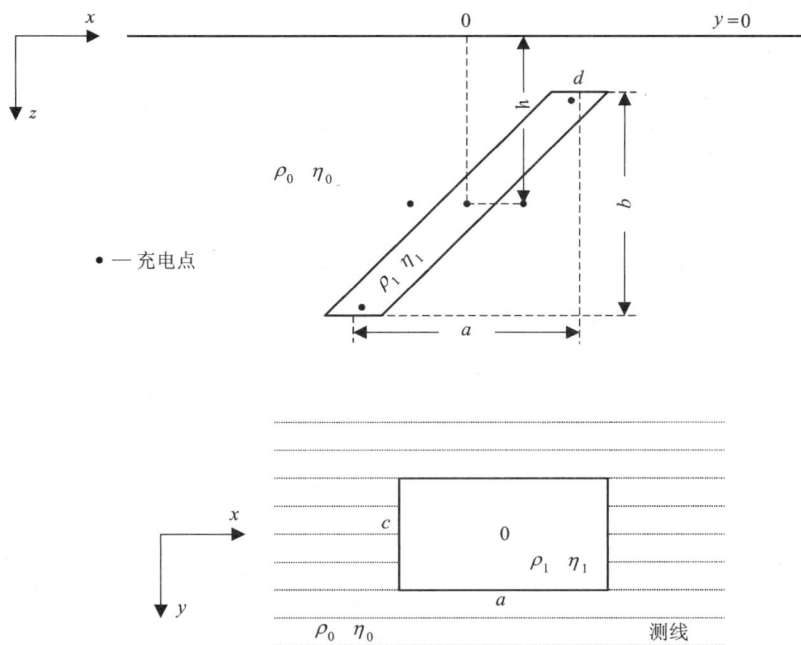

图 4 – 15 不等位倾斜板状体模型示意图

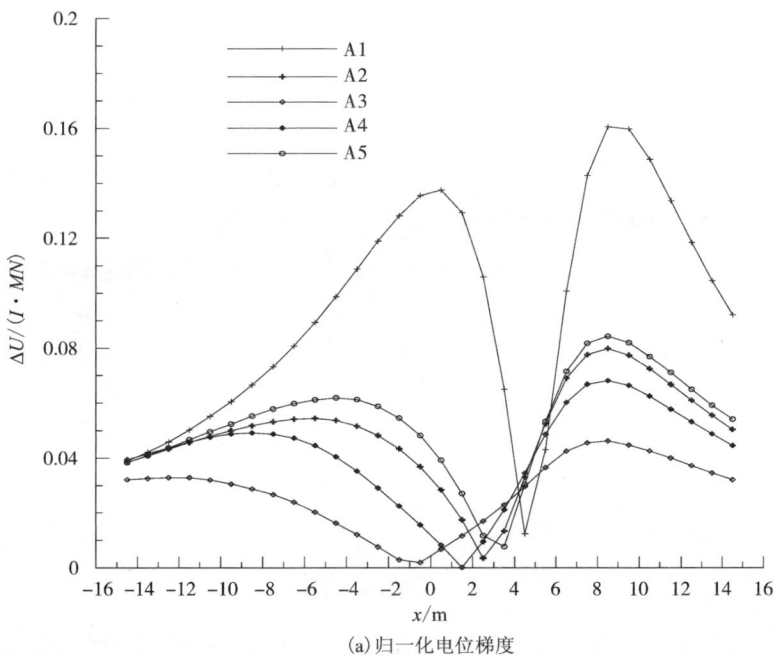

(a)归一化电位梯度

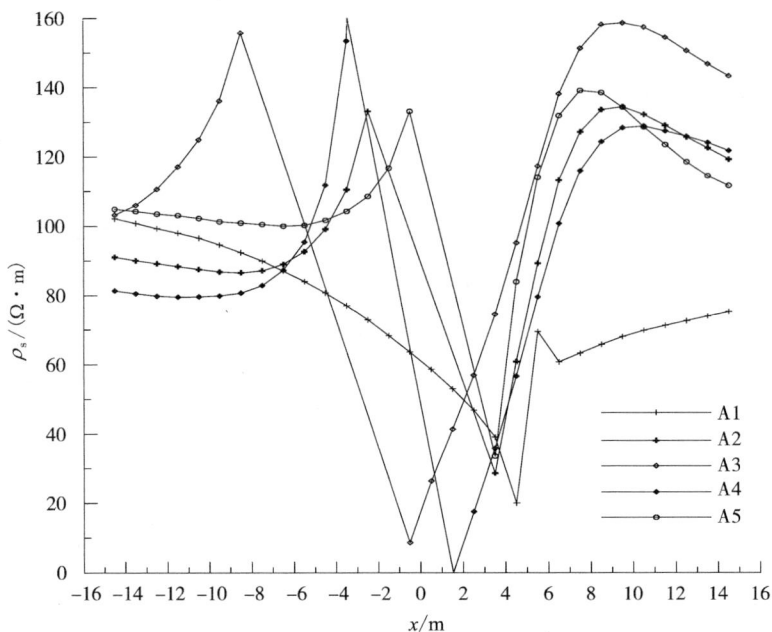

(b) 视电阻率

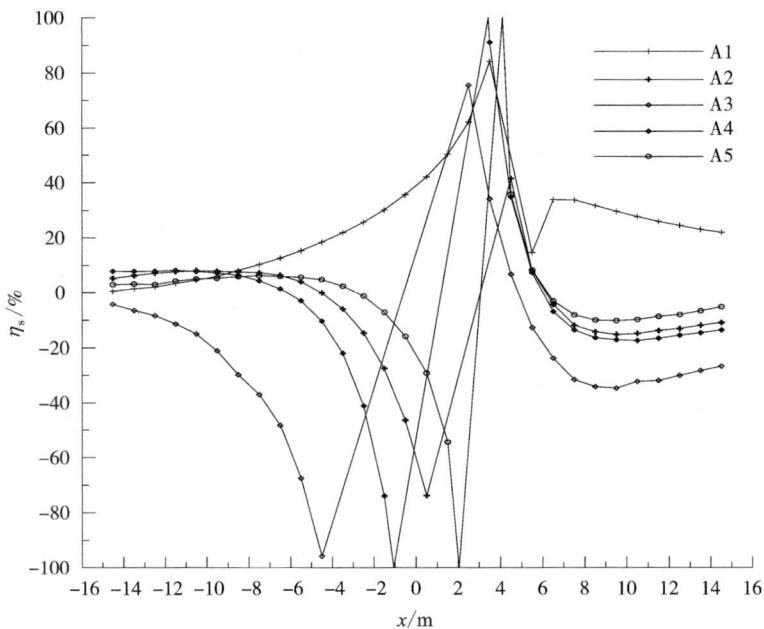

(c) 视极化率

图 4－16　倾斜板状体不同位置充电点主剖面线上电位梯度、视电阻率和视极化率异常曲线

4.3 井 – 地 IP 的异常特征和实际工作

通过对以上立方体、不同形态板状体等非等位异常体进行激电充电法异常的计算和分析，得出井 – 地 IP 充电激电异常特征和实际工作总结如下：

1）点源场是井 – 地激电充电法的正常场，电位、电位梯度曲线保持了点源场的特征。相对而言，电位、电位梯度曲线对异常体的分辨能力较差，而视电阻率和视极化率反映异常体的能力较强。当充电点位于钻孔中时，在充电点位置上方附近观测的电位梯度过零值点，因此，换算后的视电阻率和视极化率曲线往往出现畸变特征。

2）对于非等位体而言，激电异常的对称性不仅与异常体的形态、产状有关，而且还与充电点位置等有关。畸变特征是判断不对称的重要标志之一，但仍需要借助不同参数的异常综合分析。

3）充电点位置不同，激电异常特征差异大，甚至出现相反的异常。充电点放置在异常体的上方，且尽量靠近异常体，能获得简单、直观且较大的异常幅值；充电点放置在异常体的下方，能获得更多的异常体信息。在井 – 地激电充电法的实际工作中，可进行多位置充电观测，进行三维反演解释。

第5章　地-井、井-地 IP 三维快速反演

在当前地-井、井-地 IP 深部勘查生产中，由于受钻孔环境、生产效率等因素影响，地-井、井-地 IP 的观测量明显不足，远没有实现全方位的三维观测，这对反演解释提出了更高的要求。例如，当前常用的地-井五方位观测，观测的数据量太少，三维精确的反演不现实，只能采用正演拟合反演方式；但对于多剖面井-地 IP 的三维数据，三维精确反演解释更合适。为此，本章将从以下两个方面分析研究地-井、井-地 IP 数据的快速反演方法：

1) 正演拟合反演：针对当前危机矿山勘查急需的地-井五方位 IP 数据解释，提出正演拟合反演模式，讨论实现快速正演拟合反演的方法及可行性，开发人机交互快速正演拟合反演软件；

2) 三维层析成像反演：以最小二乘约束反演理论为基础，研究三维层析成像快速反演算法。

5.1　正演拟合反演

由于地-井五方位测量仅提供 5 个方位供电沿测井测量的数据，实测数据量太少，只能采用人机交互正演拟合反演解释。

5.1.1　正演拟合反演步骤和思路

正演拟合反演过程可分为五个部分，即给定初始模型、正演计算、模型正演数据与实测数据对比、模型修改和结果输出。正演拟合流程如图 5-1 所示。

实现上述正演拟合反演的主要困难有：①初始模型的给定；②模型修改；③有限元正演计算时间长。

合理、准确地给定初始模型是正演拟合解释成功的关键，但需要清楚了解曲线异常特征与观测方位、异常体位置、形状大小、电参数等之间的关系，这些内

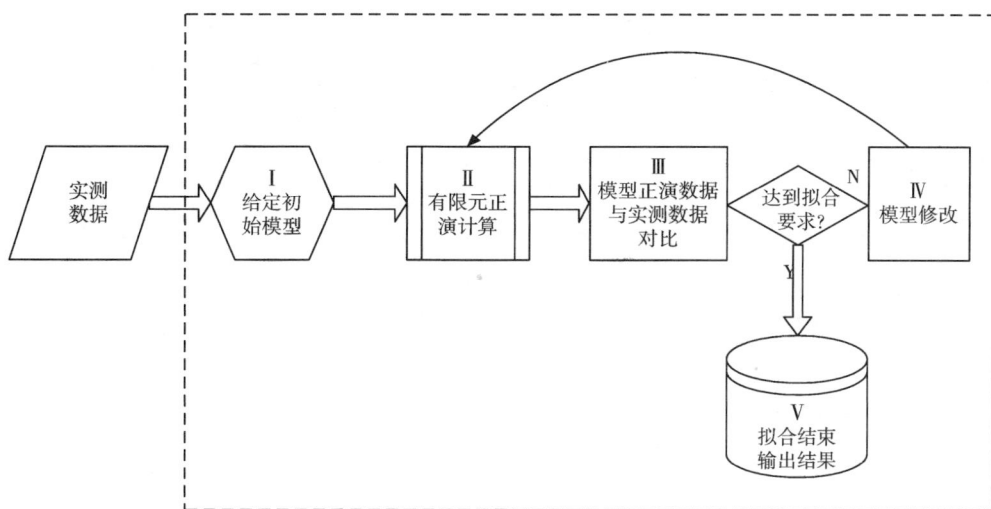

图 5－1　正演拟合流程图

容已在第 3 章中进行了详细的讨论，因此，可参照第 3 章的分析方法给定初始模型。模型修改过程是一个反复实验、拟合对比的过程，是正演拟合反演的核心，需要建立交互性强的人机交互模型修改平台，把网格剖分、模型修改和正演计算等统一起来。正演计算速度决定正演拟合反演的效率和实用性，本书尽管实现了地－井五方位 IP 的三维有限元快速正演计算，但正演计算仍需要几十秒的时间，速度还不够"快"，无法及时、迅速地对修改后的模型做出响应；若能用解析解计算和简单叠加方法进行模型的初始修改，然后再用有限元进行复杂修改，必将提高正演拟合反演的速度。

5.1.2　解析解正演计算的可行性分析

对于水平无限半空间存在单一异常球体的三维电场有解析解的计算方法，其计算公式如下：

$$U_1^{(1)} = \frac{I\rho_1}{2\pi}\Big[\frac{1}{R} + \sum_{n=0}^{\infty}\frac{(\rho_2-\rho_1)n}{\rho_1 n+\rho_2(n+1)}\cdot\frac{r_0^{2n+1}}{d^{n+1}r^{n+1}}\cdot P_n(\cos\theta)\Big]$$

$$U_1^{(2)} = \frac{I\rho_1}{2\pi}\Big[\frac{1}{R} + \sum_{n=0}^{\infty}\frac{(\rho_2-\rho_1)n}{\rho_1 n+\rho_2(n+1)}\cdot\frac{r^n}{d^{n+1}}\cdot P_n(\cos\theta)\Big]$$

其中：$U_1^{(1)}$、$U_1^{(2)}$ 分别为球体外和球体内的电位计算公式；I 为供电电流；ρ_1，ρ_2 分别为背景和异常球体的电阻率；r_0 为异常球体的半径；R 为供电点到观测点的距离；d 为供电点到异常球体中心的距离；r 为异常球体中心到观测点的距离；$P_n(\cos\theta)$ 为 n 阶勒让德多项式。

　　设想复杂模型是近似用多个球体的组合叠加得到的,用各个球体异常相加作为复杂模型的近似正演结果。但在有限元正演计算中,球体不是理想的剖分单元,常用的是长方体、立方体等,因此,如果能用球体来代替立方体,就可以用"叠加解析解"来代替有限元数值解,实现复杂模型的"近似解析解"计算。最接近的情况是用同位置上等体积球体异常来近似代替立方体的异常,立方体边长 a 与同体积球体半径 r 的关系为 $r \approx 0.62a$(图 5－2)。有了这样的近似计算,利用简单叠加方法,并忽略异常体之间的相互影响,即可实现复杂异常体的近似解析计算。显然,这种解析法正演计算几乎不会花费多少机时,但是忽略了异常体之间的相互影响。

　　下面通过模型计算来对比、分析"近似解析解"与数值解的差异。

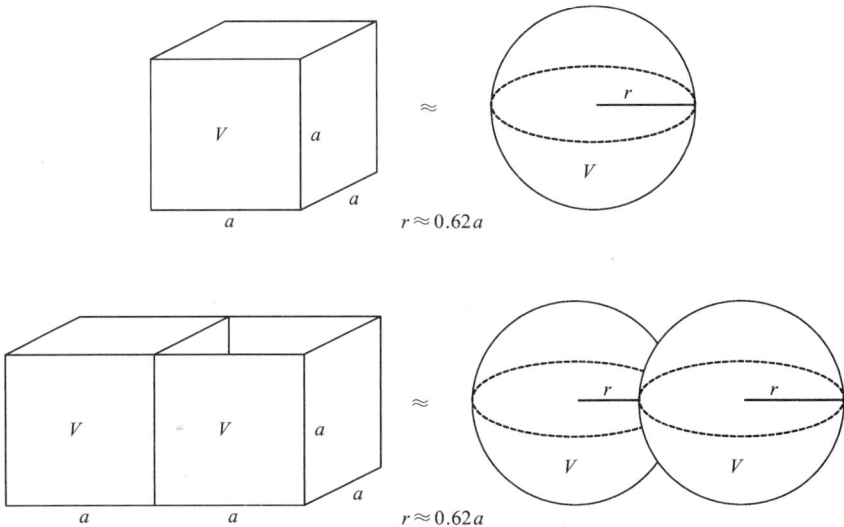

图 5－2　立方体与等体积球体

1. 单个立方异常体解析解和数值解结果对比

　　模型如图 5－3 所示,地－井五方位观测,模型参数如下:

　　$\rho_0 = 100 \ \Omega \cdot m$, $\eta_0 = 0$; $\rho_1 = 10 \ \Omega \cdot m$, $\eta_1 = 50\%$; $a = 2 \ m$, $d = 5 \ m$, $h = 10 \ m$, $L = 10 \ m$; $MN = 1 \ m$; 球体半径为 r。图 5－4 为 A1 方位有限元解和近似球体($r = 0.5a$ 和 $r = 0.62a$)情况下的视电阻率和视极化率计算结果曲线对比。可以看到,立方异常体的有限元数值解与等体积异常球体解析解非常接近,平均相对误差小于 3%; 而与 $r = 0.5a$ 的异常球体解析解误差稍大。因此,对于单个立方异常体,可以近似用同位置、同参数和等体积($r = 0.62a$)球体的解析解来代替有限元解,实现快速正演计算。

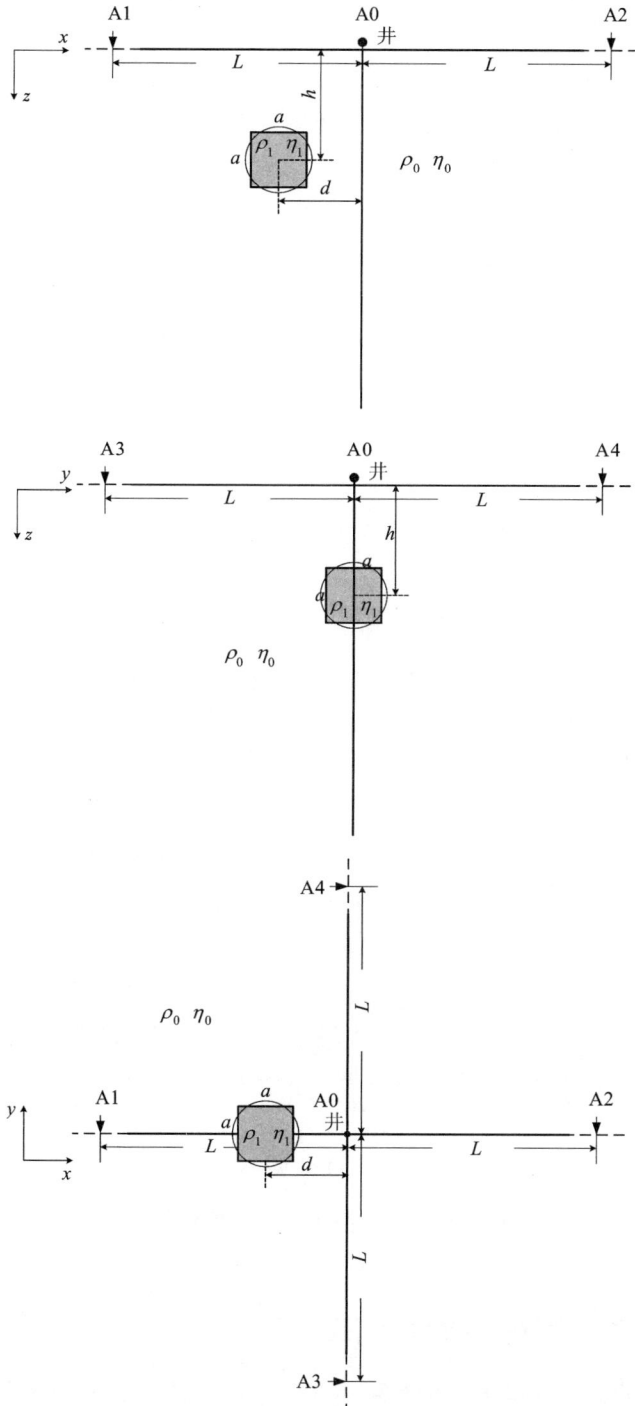

图 5 – 3　立方异常体地电模型

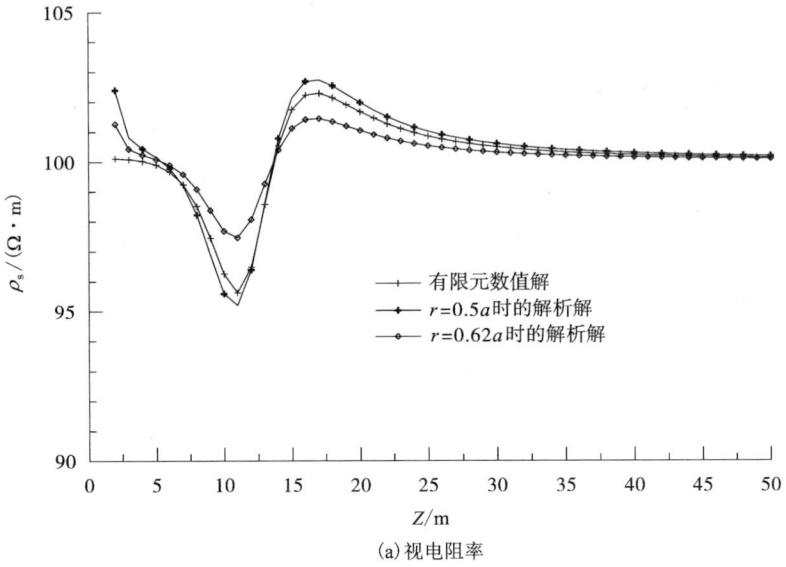

(a) 视电阻率

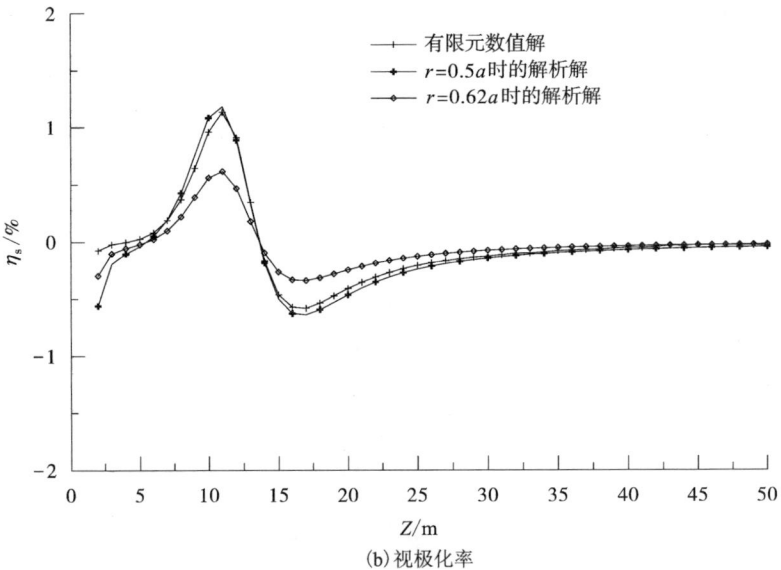

(b) 视极化率

图 5 - 4 近似解析解和有限单元法数值解对比（A1 方位）

2. 复杂模型的解析解和数值解对比

考虑复杂的异常体模型，如图 5 - 5 所示，在钻孔两侧不同深度上分别存在一个高阻高极化(ρ_1，η_1)和一个低阻高极化异常体(ρ_2，η_2)，h_1、h_2 分别为两个异常体的顶部埋深，ρ_0、η_0 为背景电阻率和极化率。模型参数如下：

$\rho_0 = 100\ \Omega \cdot m$，$\eta_0 = 0$；$\rho_1 = 1000\ \Omega \cdot m$，$\eta_1 = 50\%$；$\rho_2 = 10\ \Omega \cdot m$，$\eta_2 = 25\%$；$a = 2\ m$，$d = 2\ m$，$b = 10\ m$，$h_1 = 6\ m$，$h_2 = 12\ m$，$L = 20\ m$；井深 50 m，井中相邻观测电极距 $MN = 1\ m$。

根据等体积原则，两个异常体分别用 5 个相同电性参数、半径为 1.24 m 的球体代替（图 5 -5），实现"解析法"计算。图 5 - 6、图 5 - 7 和图 5 - 8 分别为 A1、A0 和 A2 方位有限元数值解和叠加解析解视电阻率和视极化率曲线对比。

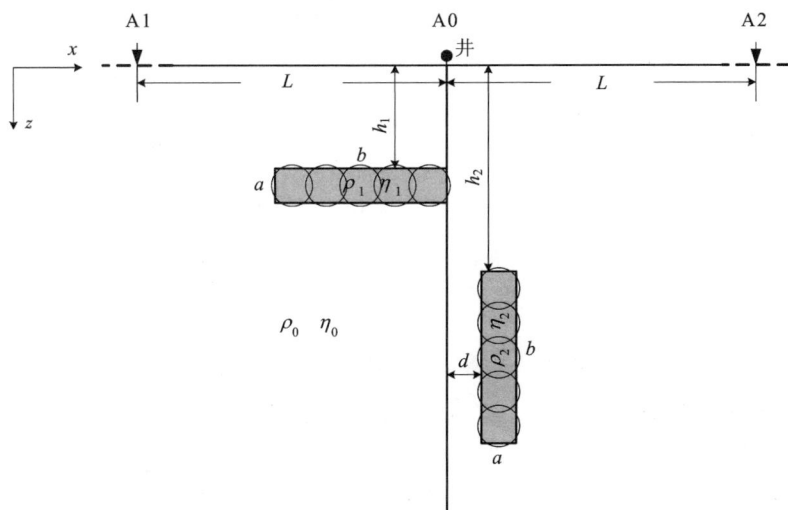

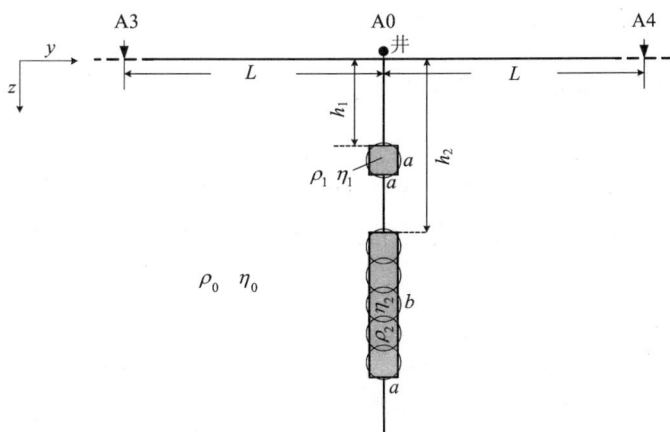

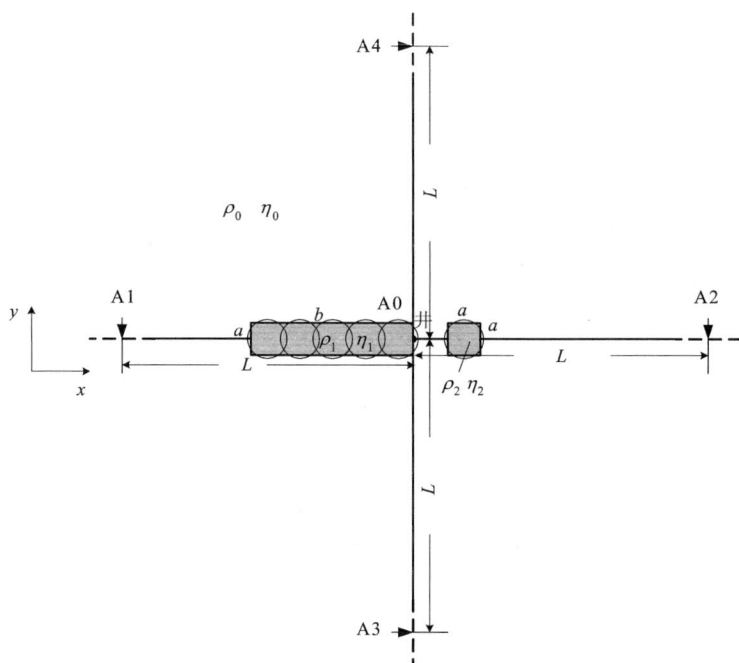

图5－5　复杂组合地电模型示意图

对比该复杂模型"解析解"和数值解的计算结果(图5－6～图5－8),可以看到,曲线形态上,"解析解"与数值解结果相近,曲线的异常特征也基本一致。但由于"简单叠加"忽略了异常体相互间的影响,数值上"解析解"与数值解还存在一定差异,相比之下,两者视电阻率差异小,而视极化率的差异较大。

总之,对于复杂模型,用"近似解析法"代替三维有限元数值计算完成模型的初始修改和曲线形态快速拟合也是可行的。

3. 解析解在正演拟合反演中的注意事项

鉴于"近似解析解"与有限元数值解的相似性和差异,"解析法"在替代三维有限元数值计算进行快速正演拟合时应注意以下几个方面:

1)"解析法"应在调整和修改模型的初期使用,利用"近似解析法"计算速度快的优势实现模型的快速调整和修改;而在模型修改的后期或必要情况下要用有限元正演进行计算和检验。

2)拟合过程中,应以曲线的形态拟合、视电阻率拟合和深部数据的拟合为主。

3)在拟合之前,应充分分析曲线特征,借助第3章中总结的推断方法先大体确定异常体的埋深位置、赋存方位、形态等,建立更接近实际的初始模型。

4)"近似解析解"计算仅适用于水平地形、围岩电性均匀等简单情况,对于起伏地形、复杂背景等情况只能依靠三维有限元等正演计算。

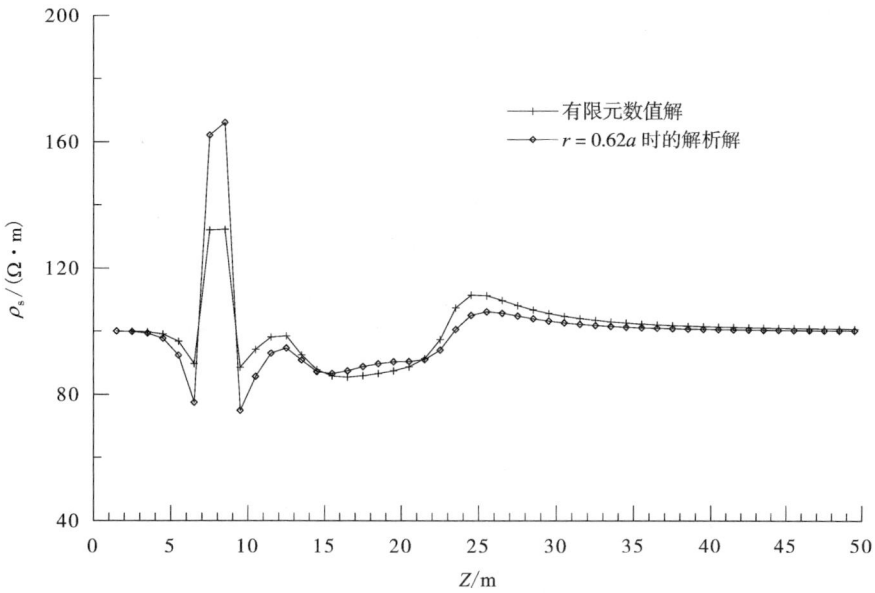

(a) 视电阻率

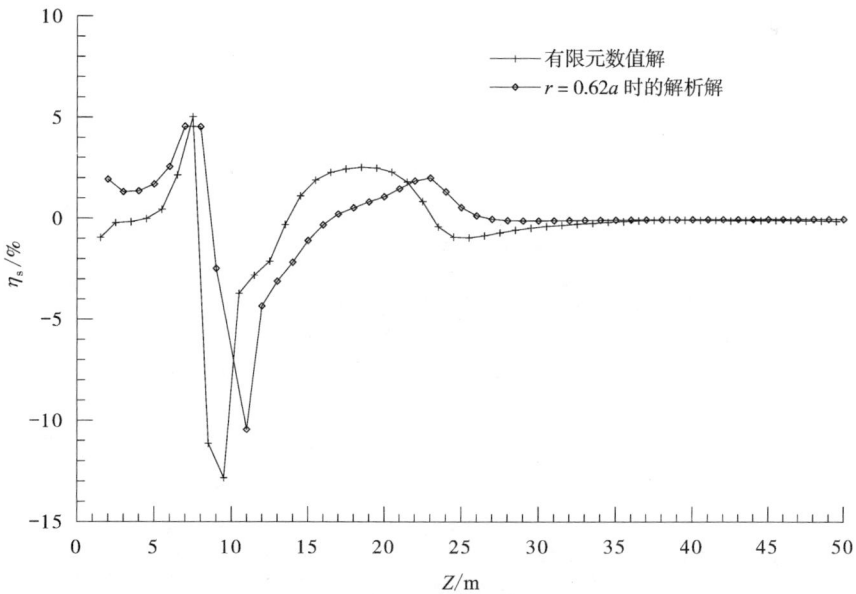

(b) 视极化率

图 5-6　A1 方位有限元数值解和叠加解析解对比

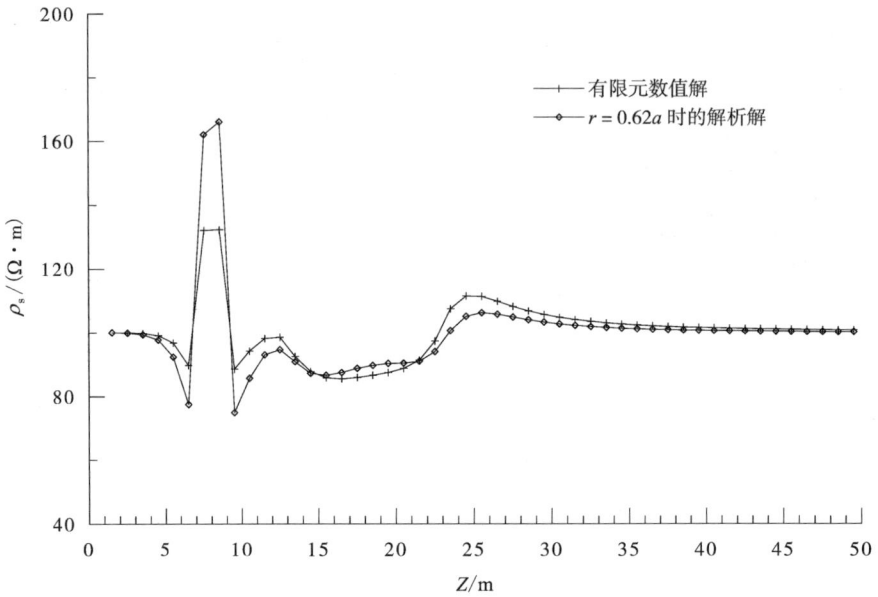

(a) 视电阻率

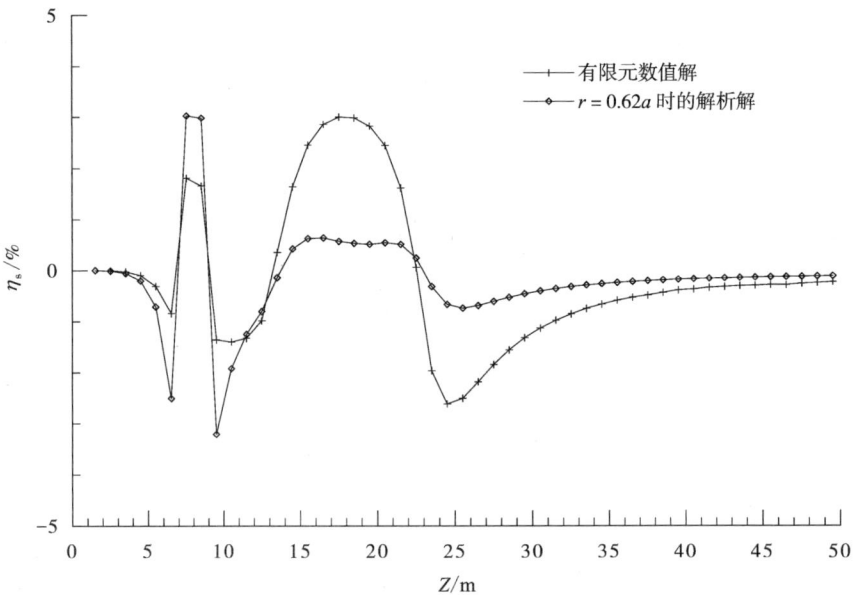

(b) 视极化率

图 5－7　A0 方位有限元数值解和叠加解析解对比

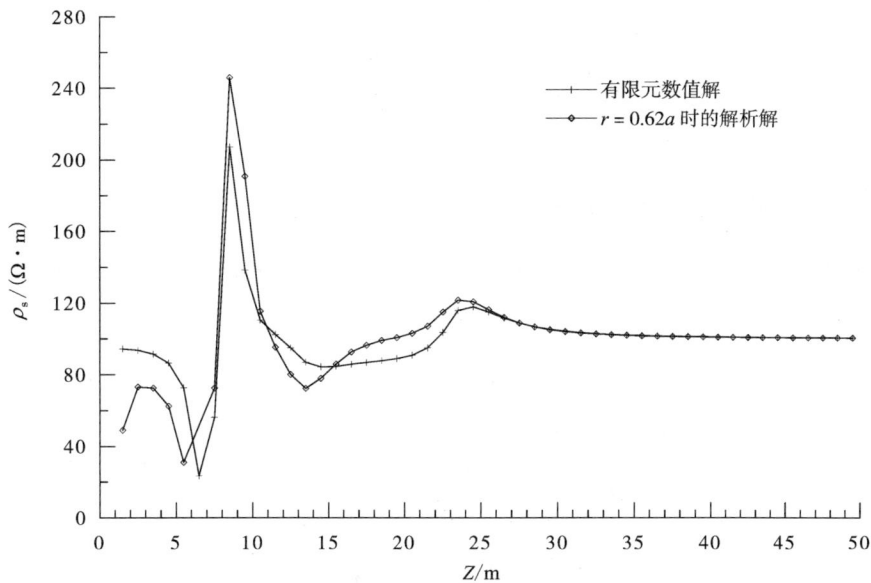

(a) 视电阻率

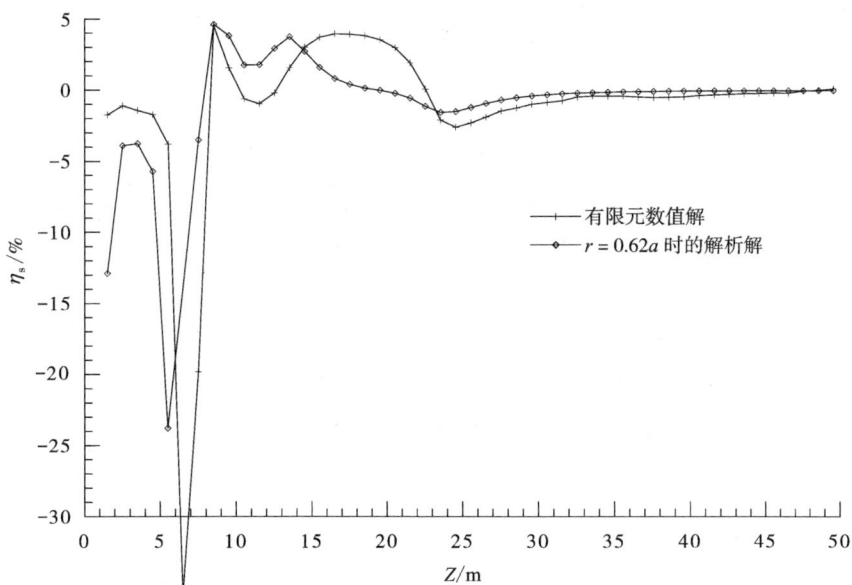

(b) 视极化率

图 5 - 8　A2 方位有限元数值解和叠加解析解对比

5.1.3　正演拟合人机交互反演软件

地 – 井五方位正演拟合反演过程就是对初始模型的反复修改、反复实验的过程，其交互性强，需要一个人机交互的模型修改软件平台，把网格剖分、模型修改和正演计算等统一起来。

1. 人机交互正演拟合反演软件设计

人机交互正演拟合软件按处理内容不同分为 8 个模块，流程设计如图 5 – 9 所示，各项模块的处理内容见表 5 – 1。

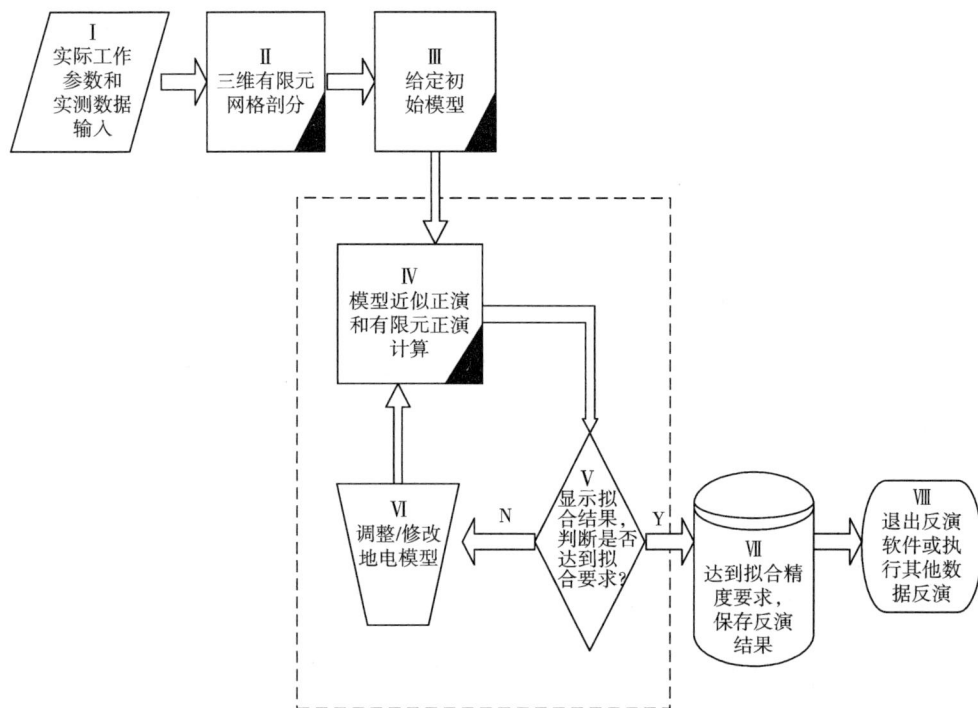

图 5 – 9　人机交互反演流程示意图

表 5 – 1　人机交互反演各模块处理内容说明

编号	模块项名称	处理内容的简要说明
I	实际工作参数和实测数据输入	五个方位供电点的位置（方位或坐标）、高程，钻孔大小、深度、测线长度、点距、MN 大小等工作参数输入，实测数据等
II	三维有限元网格剖分	根据 I 项给出的钻孔和工作参数信息自动生成有限元剖分网格
III	给定初始模型	根据五方位观测数据曲线特征给定初始模型
IV	模型近似正演和有限元正演计算	近似解析法快速正演和有限元正演计算
V	显示拟合结果，判断是否达到拟合要求？	对比正演结果与实测数据，显示拟合曲线和拟合误差
VI	调整/修改地电模型	人机交互，修改模型，增加或减少异常体的单元，改变电性参数等
VII	达到拟合精度要求，保存反演结果	模型正演结果与实测数据拟合达到精度要求，保存拟合反演结果
VIII	退出反演软件或执行其他数据反演	退出反演软件或进行其他数据反演

2. 人机交互正演拟合反演软件介绍

依据上述软件设计思路，初步开发了地 – 井五方位 IP 人机交互正演拟合反演软件。该软件既可以进行人机交互正演拟合反演解释，也可单独实现三维模型的正演计算，软件主界面如图 5 – 10 所示。在进行人机交互正演拟合反演时，用户可设定初始模型，并对不同深度上的模型单元参数进行修改和调整，模型正演可选择用"近似解析法"正演计算，也可选择用有限元正演计算，使模型正演结果与实测数据拟合情况实时显示，最终的拟合模型即为反演结果。

下面将简单介绍地 – 井五方位 IP 人机交互正演拟合反演软件的操作和解释步骤：

（1）工作参数和实测数据的输入/导入。如图 5 – 11 所示，用户通过交互界面输入工作参数和钻孔参数，输入或导入供电点位置坐标、实测数据等。导入的数

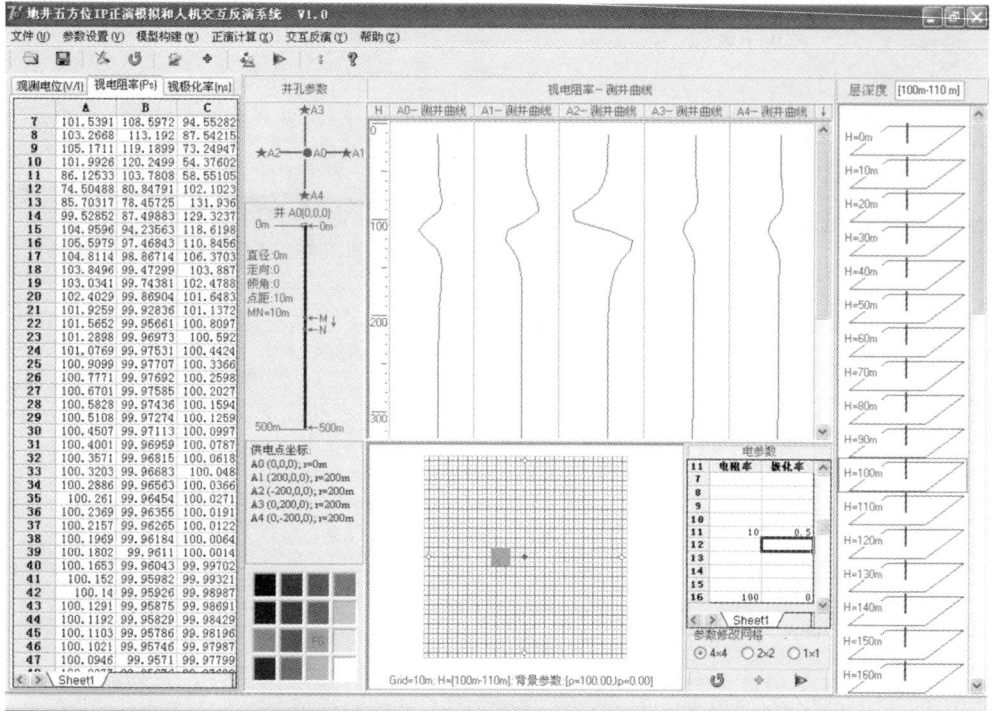

图 5 - 10　人机交互反演软件主界面

据文件格式为大家熟悉的 Excel 文件、文本文件格式等,以方便用户使用。

　　(2)给定初始模型。根据观测的曲线异常特征,初步判定异常体的大致埋深、赋存方位等信息,在主界面(图 5 - 10)右侧选择相应的深度层,并通过鼠标点击方式设置初始模型,设定电性参数,不同异常体、背景之间用不同颜色加以区分。

　　(3)正演计算。给定初始模型后,在模型初始修改阶段,选用主菜单"正演计算"中的"解析法正演"实现曲线形体特征的快速拟合,必要时,用有限元正演计算。

　　(4)模型修改。根据模型正演和实测数据的拟合情况,用鼠标拖动异常体、增删异常网格的方式修改模型,正演拟合,再修改,再正演,直到模型满足拟合条件。

　　(5)保存最终的拟合模型,即为交互正演拟合的反演解释结果。

5.1.4　地 - 井五方位 IP 人机交互反演软件应用实例

　　广西某矿山 X 钻孔,钻孔深度 493 m,孔径约 100 mm,采用了地 - 井方位激

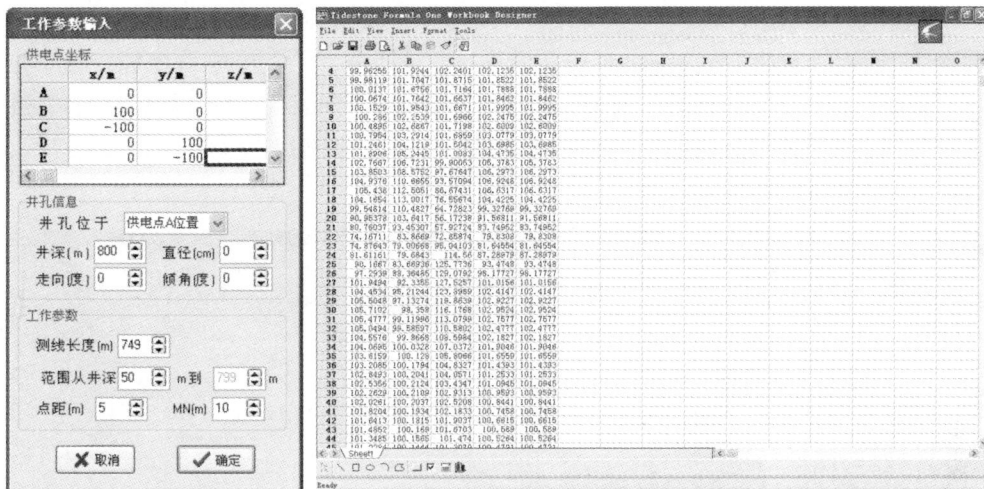

（a）工作参数输入　　　　（b）实测数据输入

图 5-11　工作参数和实测数据输入界面

电观测，主要目的是了解已知的低阻高极化矿带在该钻孔附近的位置和隐伏情况。勘测单位没有进行井口方位（A0）观测，只进行了钻孔四周四个方位探测（A1，A2，A3 和 A4），各方位距离相等，井中观测电极距 $MN = 10$ m，相邻测点距 10 m，井中实际观测位置的深度为 100~480 m。各方位点相对坐标、高程和方位距离见表 5-2。视电阻率、视极化率等实测数据保存在数据文件中。

表 5-2　各方位点相对坐标、高程和方位距离

方位点 ＼ 坐标	水平相对坐标 $x/$m	水平相对坐标 $y/$m	高程坐标 $z/$m	$L/$m
A0	0	0	206	0
A1	89	-10	200	90
A2	-11	89	209	90
A3	-70	-57	210	90
A4	30	-85	202	90

人机交互正演拟合反演解释过程如下：

第一步：工作参数和实测数据导入。

运行地－井五方位人机交互解释软件，选择"参数设置"主菜单下的"工作参数输入"或点击快捷方式进入"工作参数输入"对话框，导入供电点坐标、输入井深、直径和观测参数［图5－12(a)］。基本参数输入完成后，导入视电阻率、视极化率等实测数据到主界面左侧相应数据表格中，并绘制出四个方位的观测曲线［图5－12(b)和(c)］。

(a)工作参数输入

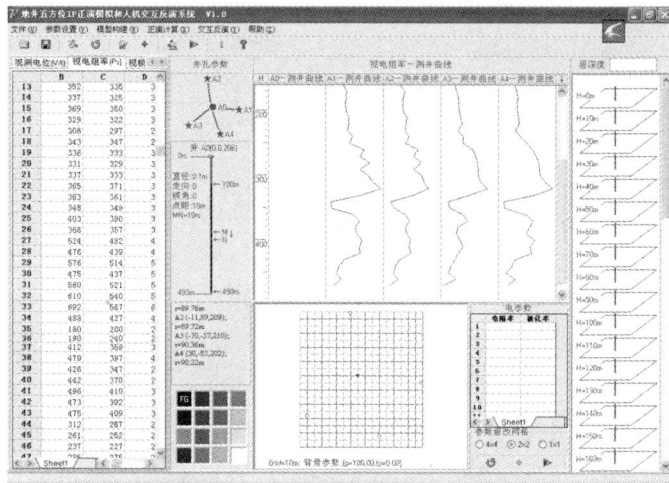

(b)实测数据输入

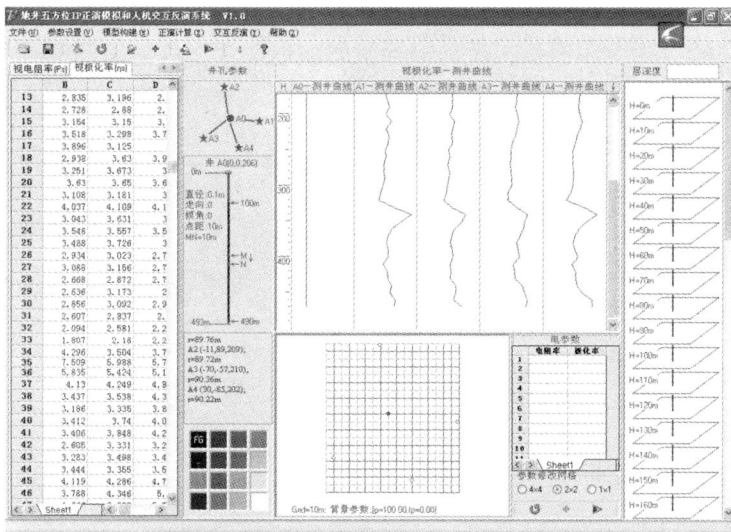

(c)观测曲线显示

图5－12　工作参数、实测数据输入和观测曲线显示

　　第二步：根据实测曲线异常特征建立初始模型。

　　从图 5 – 12 视电阻率和视极化率曲线图上，可看到，比较明显的异常有两处：① 深度 300 ~ 350 m 区段，A1 ~ A4 四个方位有明显低阻高极化异常，且视电阻率和视极化率异常对应较好，推断矿体大致埋深为 320 m。另外，四个方位激电异常不对称，由于没有观测井口方位，难以确定矿体的形态和倾向，但对比发现 A1 和 A4 方位的视电阻率和视极化率异常相近且幅值较大，而 A2 和 A3 方位观测的视电阻率和视极化率异常相近且幅值较小，可初步断定矿化体靠近 A1、A4 方位，结合地质资料，初步推断该异常体为近似水平板状体。② 在钻孔的底部 450 m 附近存在低阻高极化异常，初步推断引起该激电异常的是位于钻孔底部附近的另一个矿化体，且偏向 A3 和 A4 方位，矿体形态无法确定。

　　通过上述分析，建立初始模型，背景电阻率和极化率近似取观测数据平均值，分别为 400 Ω·m 和 3.5%；依据该地区的矿石标本物性参数，异常体电阻率和极化率分别取值为 10 Ω·m 和 20%。

　　第三步：模型修改和交互正演拟合。

　　在初始模型基础上，利用"近似解析法"进行模型快速正演计算，并反复修改模型、正演计算，对比模型正演与实测曲线的拟合情况。由于实测数据存在误差，正演拟合只能以曲线形态拟合为主，很难在数值上实现完全拟合。之后，再用有限元进行正演计算，验证最终的拟合结果。图 5 – 13 为修改后最终模型"近似解析解"、有限元数值解与实测数据曲线的对比情况。

　　第四步：保存解释结果。

　　最终的正演拟合结果显示，在该钻孔 320 ~ 330 m 深度上，矿带比较靠近钻孔，且向 A1、A4 方位方向有一定延伸，延伸长度约 60 m；另外，在钻孔底部下方深度 480 ~ 490 m，赋存另一低阻高极化矿化体，且向 A3、A4 方位方向略有延伸。保存该模型数据结果到数据文件中。

　　根据勘测单位反馈的信息，该正演拟合反演解释结果证实了地质、物探人员的判断，即该钻孔已经穿过浅部的矿脉，但还没有揭露深部的矿化带；同时，矿体埋深、赋存方位等推断解释结果也为勘测单位提供了很大的帮助。

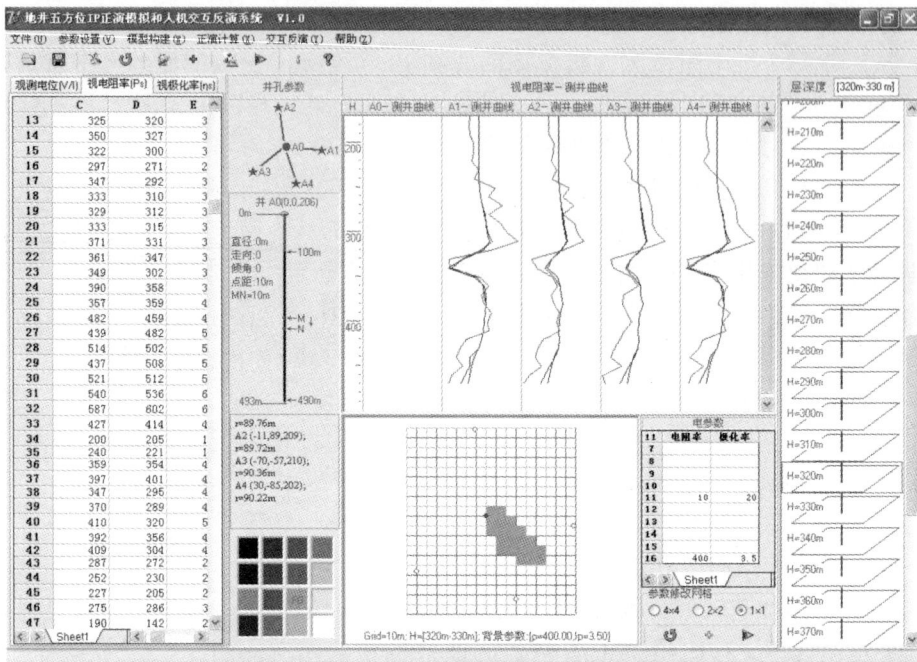

(a) 视电阻率曲线对比

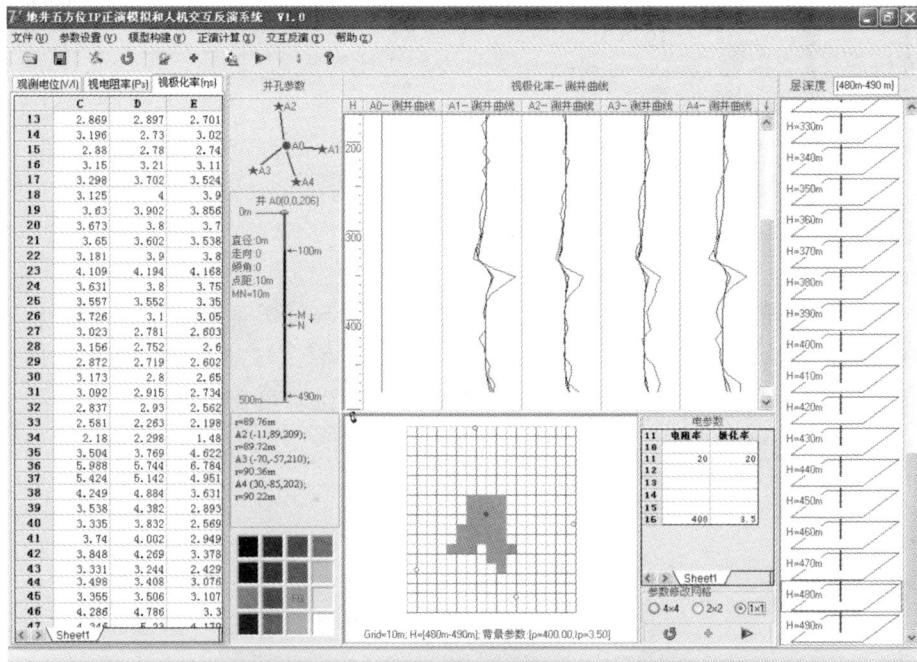

(b) 视极化率曲线对比

图 5 – 13 模型正演与实测数据正演拟合

5.2 三维层析成像快速反演

人机交互正演拟合反演是基于经验的分析解释方法，对解释人员要求很高，而且野外观测数据质量要好。此外，正演拟合解释适合于地下介质相对简单的情况，对复杂地电情况的解释误差会很大。总体上讲，正演拟合反演解释效果依赖于解释人员的经验，解释结果只能说是一种定性或半定量的解释。要真正实现地 - 井、井 - 地三维定量解释，必须进行多剖面、多方位的数据观测，进而进行层析成像反演。

5.2.1 最小二乘约束反演方法

地球物理反演是非线性的、病态的，反演解存在多解性和非唯一性。为了解决反演中的多解性等难题，许多地球物理学家付出了艰辛的努力，也取得了令人满意的结果[69-70, 76]。其中，比较成功的做法是将光滑约束、先验信息等加入反演算法中，建立基于某种约束的最小二乘反演算法。

非线性问题线性化，并加入光滑约束和已知先验信息，构造出最小二乘反演目标函数[76]：

$$\psi = \| W_d (\Delta d - A \Delta m) \|^2 + \| W_m (m - m_0 + \Delta m) \|^2 \qquad (5-1)$$

式（5-1）中等号右端第一项为常规的最小二乘方法，等号右端第二项为已知先验信息项。$\Delta d (\Delta d_i, i = 1, 2, \cdots, N; N$ 为观测数据个数）为数据残差矢量，其值为实测数据对数值与模型正演计算数据对数值之差；$m(m_j, j = 1, 2, \cdots, M; M$ 为模型单元数）为预测模型向量，其值为模型参数的对数值；$m_0(m_{0j}, j = 1, 2, \cdots, M; M$ 为模型单元数）为基本模型向量，其值为模型参数的对数值；A 为偏导数矩阵；W_d 为观测数据加权矩阵。W_m 为光滑度矩阵，也称模型约束矩阵，Sasaki[69]，Zhang[71]，阮百尧[76]，黄俊革[58]等都对 W_m 进行过讨论。

目标函数式（5-1）对 Δm 求导，并令其等于零。由于矩阵 W_d、W_m 是对称阵，故得到下面的线性方程组：

$$(A^T W_d^T W_d A + W_m^T W_m) \Delta m = A^T W_d^T W_d \Delta d + W_m^T W_m (m_0 - m) \qquad (5-2)$$

写成迭代形式：

$$\begin{aligned} m_{j+1} &= m_j + \Delta m_j \\ &= m_j + [(A_j^T W_d^T W_d A_j + W_m^T W_m)]^{-1} [A_j^T W_d^T W_d \Delta d_j + W_m^T W_m (m_0 - m_j)] \\ &(j = 0, 1, 2, \cdots) \end{aligned} \qquad (5-3)$$

式（5-3）便是模型参数带约束条件时的最小二乘反演的迭代形式。

地 - 井、井 - 地 IP 的特点是拥有钻孔钻探资料，可以利用并设置先验信息。

在式(5-2)的反演算法中，基本模型向量 $\boldsymbol{m}_0$ 可根据已知钻探信息选取，并用模型约束矩阵 $\boldsymbol{W}_m$ 对其进行强约束。另外，不同区域对观测数据的贡献不同，通常供电和观测电极附近区域对观测数据的影响大，而远离供电和观测点的区域影响小，根据这一特点，可以把反演区域缩小，仅对供电、观测一定范围区域内的网格参数进行反演，加快反演计算。

常规法求解式(5-2)的反演问题，要先计算 Jacobian 矩阵 $\boldsymbol{A}$，然后用式(5-3)计算模型参数的改正项 Δm，不断修正模型，直到模型参数符合给定的精度。若有 p 个供电点，每个供电点有 n 个观测数据，m 个网格单元，Jacobian 矩阵 $\boldsymbol{A}$ 的计算需要所有观测数据对各个网格参数求导，$\boldsymbol{A}$ 的大小为 $(p \times m \times n) \times (p \times m \times n)$。对于地－井、井－地三维 IP 反演来说，网格剖分太大，直接求取和存储 Jacobian 矩阵 $\boldsymbol{A}$ 的方法将耗费巨大的计算机资源，几乎无法在 PC 机上完成，更谈不上快速反演。为此，引入共轭梯度(CG)反演算法[71]，避开 Jacobian 矩阵 $\boldsymbol{A}$ 的直接求取和存储，提高反演效率。下面将以 CG 迭代求解算法为基础，推导井－地、地－井 IP 三维层析成像反演算法。

5.2.2 CG 快速迭代近似计算

1. CG 迭代算法

CG 法是正交投影法在 Krylov 子空间 $K_n(r_0, A)$ 上的一个实现[86]。其求解线性方程的过程如下：

设线性方程

$$Ax = b \tag{5-4}$$

令

$$r_0 = b - A x_0 \tag{5-5}$$

设方程的解的 m 阶近似可以表示成：

$$x_m = x_0 + \sum_{i=0}^{m-1} \alpha_i P_i \tag{5-6}$$

其中：p_i 为线性空间 $K_n(r_0, A)$ 的基，且设 $p_0 = r_0$。

将式(5-6)代入式(5-5)，可得残差如下：

$$r_m = b - Ax_m = r_0 - \sum_{i=0}^{m-1} \alpha_i Ap_i \tag{5-7}$$

则得到：

$$r_{m+1} = r_m - \alpha_m Ap_m \tag{5-8}$$

这样选择 α_m，使得

$$r_{m+1} \perp r_m \tag{5-9}$$

即

$$\alpha_m = \frac{(r_m,\ r_m)}{(r_m,\ Ap_m)} \qquad (5-10)$$

以如下方式选取空间 $K_m(r_0,\ A)$ 的基，使其关于矩阵 A 是正交的，即

$$(p_i,\ Ap_j) = 0 \quad i \neq j \qquad (5-11)$$

又确定

$$p_{m+1} = r_{m+1} + \beta_m p_m \qquad (5-12)$$

则

$$r_m = p_m - \beta_{m-1} p_{m-1} \qquad (5-13)$$

因为 p_i 关于矩阵 A 正交，则得：

$$(r_m,\ Ap_m) = (p_m,\ Ap_m) \qquad (5-14)$$

即

$$\alpha_m = \frac{(r_m,\ r_m)}{(p_m,\ Ap_m)} \qquad (5-15)$$

下面求 β_m，在式（5 – 12）两边右乘矩阵 A，然后右乘 p_m，故得到

$$\beta_m = -\frac{(r_{m+1},\ Ap_m)}{(p_m,\ Ap_m)} \qquad (5-16)$$

又 $r_{m+1} = r_m - \alpha_m Ap_m$，故得

$$\beta_m = \frac{(r_{m+1},\ r_{m+1})}{(r_m,\ r_m)} \qquad (5-17)$$

应用 CG 方程求解方法到式（5 – 12）中，求解非线性反演的模型修改量 Δm 的 CG 算法如下：

  For $k = 0$ to max_inversion_iterations   （5 Times）

  $G(m_k)$

  $\Delta d = d - G(m_k)$

  $\Delta m_k = m_0 - m_k$

  $b = A^{\mathrm{T}} \Delta d + W_m^{\mathrm{T}} W_m \Delta m_k = A^{\mathrm{T}} y + W_m^{\mathrm{T}} W_m \Delta m_k$

  其中，$y = \Delta d$；

  $\Delta m_k = 0$；$r_0 = b$；$r_1 = b$；

  For $i = 1$ to max_steps   （10 Times）

    $\beta_i = r_i^{\mathrm{T}} r_i / r_{i-1}^{\mathrm{T}} r_{i-1}$

    $p_i = r_{i-1} + \beta_i p_{i-1}$

    $Bp_i = (A^{\mathrm{T}} A + W_m^{\mathrm{T}} W_m) p_i = A^{\mathrm{T}} y + W_m^{\mathrm{T}} W_m p_i$

    其中，$y = Ax$；$x = p_i$；

    $\alpha_i = r_{i-1}^{\mathrm{T}} r_{i-1} / p_i^{\mathrm{T}} Bp_i$

$$\Delta m_k = \Delta m_k + \alpha_i p_i$$

$$r_i = r_{i-1} - \alpha_i B p_i$$

End loop i

$$m_{k+1} = m_k + \Delta m_k$$

End loop k

整个迭代过程仅需要计算乘积 $\boldsymbol{Ax}$ 和 $\boldsymbol{A}^{\mathrm{T}}\boldsymbol{y}$。

2. Jacobian 矩阵的相关计算

以电阻率 ρ 为例，对第 2 章中式（2－30）电场满足的方程 $\boldsymbol{Ku}=\boldsymbol{p}$ 两边分别对模型参数求导，方程右端项是电源项，与模型参数无关，即

$$\frac{\partial \boldsymbol{K}}{\partial \boldsymbol{\rho}} \boldsymbol{u} + \boldsymbol{K} \frac{\partial \boldsymbol{u}}{\partial \boldsymbol{\rho}} = 0 \qquad (5-18)$$

所以：

$$\boldsymbol{K} \frac{\partial \boldsymbol{u}}{\partial \boldsymbol{\rho}} = -\frac{\partial \boldsymbol{K}}{\partial \boldsymbol{\rho}} \boldsymbol{u}$$

$$\frac{\partial \boldsymbol{u}}{\partial \boldsymbol{\rho}} = -\boldsymbol{K}^{-1} \frac{\partial \boldsymbol{K}}{\partial \boldsymbol{\rho}} \boldsymbol{u} \qquad (5-19)$$

式（5－19）说明，观测电位对模型参数的导数可以通过求解与正演相类似的方程得到。但对于每一个观测值 u_i，都需要对模型求导，计算量仍然非常大。

若有 m 个观测值，n 个模型单元，令 $\boldsymbol{p}_i^{\mathrm{T}} = (0, \cdots, 0, 1, 0, \cdots, 0)$，$i = 1$，$2, \cdots, m$，即第 i 个元素值为 1，并代入式（5－19），得

$$\frac{\partial u_i}{\partial \boldsymbol{\rho}} = -\boldsymbol{p}_i^{\mathrm{T}} \left(\boldsymbol{K}^{-1} \frac{\partial \boldsymbol{K}}{\partial \boldsymbol{\rho}} \boldsymbol{u} \right) \qquad (5-20)$$

对于某一供电点，Jacobian 矩阵 $\boldsymbol{A} = (\partial \boldsymbol{u} / \partial \boldsymbol{\rho})$ 与向量 $\boldsymbol{x}$ 的乘积：

$$\boldsymbol{Ax} = \begin{bmatrix} \dfrac{\partial u_1}{\partial \rho_1} x_1 + \dfrac{\partial u_1}{\partial \rho_2} x_2 + \cdots + \dfrac{\partial u_1}{\partial \rho_n} x_n \\[2mm] \dfrac{\partial u_2}{\partial \rho_1} x_1 + \dfrac{\partial u_2}{\partial \rho_2} x_2 + \cdots + \dfrac{\partial u_2}{\partial \rho_n} x_n \\[2mm] \vdots \\[2mm] \dfrac{\partial u_m}{\partial \rho_1} x_1 + \dfrac{\partial u_m}{\partial \rho_2} x_2 + \cdots + \dfrac{\partial u_m}{\partial \rho_n} x_n \end{bmatrix}$$

$$= -\begin{pmatrix} \boldsymbol{p}_1^{\mathrm{T}} \\ \boldsymbol{p}_2^{\mathrm{T}} \\ \vdots \\ \boldsymbol{p}_m^{\mathrm{T}} \end{pmatrix} \boldsymbol{K}^{-1} \left(x_1 \frac{\partial \boldsymbol{K}}{\partial \rho_1} \boldsymbol{u} + x_2 \frac{\partial \boldsymbol{K}}{\partial \rho_2} \boldsymbol{u} + \cdots + x_n \frac{\partial \boldsymbol{K}}{\partial \rho_n} \boldsymbol{u} \right) \qquad (5-21)$$

同样，$A^{\mathrm{T}}y$ 可表示为：

$$A^{\mathrm{T}}y = -(y_1 p_1^{\mathrm{T}} + y_2 p_2^{\mathrm{T}} + \cdots + y_m p_m^{\mathrm{T}}) K^{-1} \begin{pmatrix} \dfrac{\partial K}{\partial \rho_1} u \\ \dfrac{\partial K}{\partial \rho_2} u \\ \vdots \\ \dfrac{\partial K}{\partial \rho_n} u \end{pmatrix} \qquad (5-22)$$

令

$$s = K^{-1}(x_1 \frac{\partial K}{\partial \rho_1} u + x_2 \frac{\partial K}{\partial \rho_2} u + \cdots + x_n \frac{\partial K}{\partial \rho_n} u)$$
$$w^{\mathrm{T}} = (y_1 p_1^{\mathrm{T}} + y_2 p_2^{\mathrm{T}} + \cdots + y_m p_m^{\mathrm{T}}) K^{-1} \qquad (5-23)$$

整理并利用 K 的对称性，得

$$Ks = (x_1 \frac{\partial K}{\partial \rho_1} u + x_2 \frac{\partial K}{\partial \rho_2} u + \cdots + x_n \frac{\partial K}{\partial \rho_n} u)$$
$$Kw = (y_1 p_1^{\mathrm{T}} + y_2 p_2^{\mathrm{T}} + \cdots + y_m p_m^{\mathrm{T}}) \qquad (5-24)$$

式(5-24)说明，s、w 可以分别通过求解一次正演方程得到。因此，Ax 和 $A^{\mathrm{T}}y$ 的计算转化为方程求解和矩阵相乘运算，避免了 Jacobian 矩阵 A 的计算和存储。

下面，最关键的一步就是 $\partial K / \partial \rho$ 的计算，对其进行详细分析如下：

在第 2 章式(2-23)的正演计算中，假定模型单元的电参数分块均匀，即在四面体单元内，电阻率固定不变，对第 l 个四面体单元 e_l，有

$$\frac{\partial K}{\partial \rho_l} = (k_{1ij})_{e_l} = \int_{e_l} \left[\left(\frac{\partial N}{\partial x}\right) \left(\frac{\partial N}{\partial x}\right)^{\mathrm{T}} + \left(\frac{\partial N}{\partial y}\right) \left(\frac{\partial N}{\partial y}\right)^{\mathrm{T}} + \left(\frac{\partial N}{\partial z}\right) \left(\frac{\partial N}{\partial z}\right)^{\mathrm{T}} \right] \mathrm{d}x \mathrm{d}y \mathrm{d}z$$

$$= \left[\frac{1}{36V}(a_i a_j + b_i b_j + c_i c_j) \right]_l$$

$$l = 1, 2, \cdots, m; \ i, j, = 1, 2, 3, 4 \qquad (5-25)$$

V, a, b, c 的含义和表达式在第 2 章式(2-22)中已给出。

由此可见，对于第 i 个单元，$\partial K / \partial \rho_i$ 仅与第 i 个单元的四个节点有关，其他元素为零，所以共有 4×4 个非零元素。u 是对模型的正演得到，而 $\partial K / \partial \rho$ 仅与网格剖分有关，在正演计算中，是需要计算 $\partial K / \partial \rho$ 的，因此，只需对其保存下来即可。若单元的网格剖分数为 m，根据对称性，$\partial K / \partial \rho$ 只需要 $10 \times m$ 个元素存储空间。

在反演过程中，考虑到三维电阻率 CG 法的常规反演计算量仍然是巨大的，笔者对书中式(5-20)做如下修正：

$$\frac{\partial u_i}{\partial \rho} = -p'\left(K^{-1} \frac{\partial K}{\partial \rho} u\right) \qquad (5-26)$$

这里，

$$p' = \forall \, p^{\mathrm{T}} \tag{5-27}$$

另外，注意到电阻率的变化范围比较大，参照阮百尧等[76]的方法，对模型电阻率和视电阻率参数统一取对数值。按照 Seigel(1959)理论，在电阻率反演算法基础上，极化率的反演只需很少的运算[58,76]。

3. CG 迭代反演流程

约束最小二乘 CG 迭代反演的整个过程分为数据输入、模型建立、迭代反演和结果输出四个部分，反演解释流程如图 5 –14 所示，其中第Ⅲ部分迭代反演过程按 CG 迭代算法编制实现。

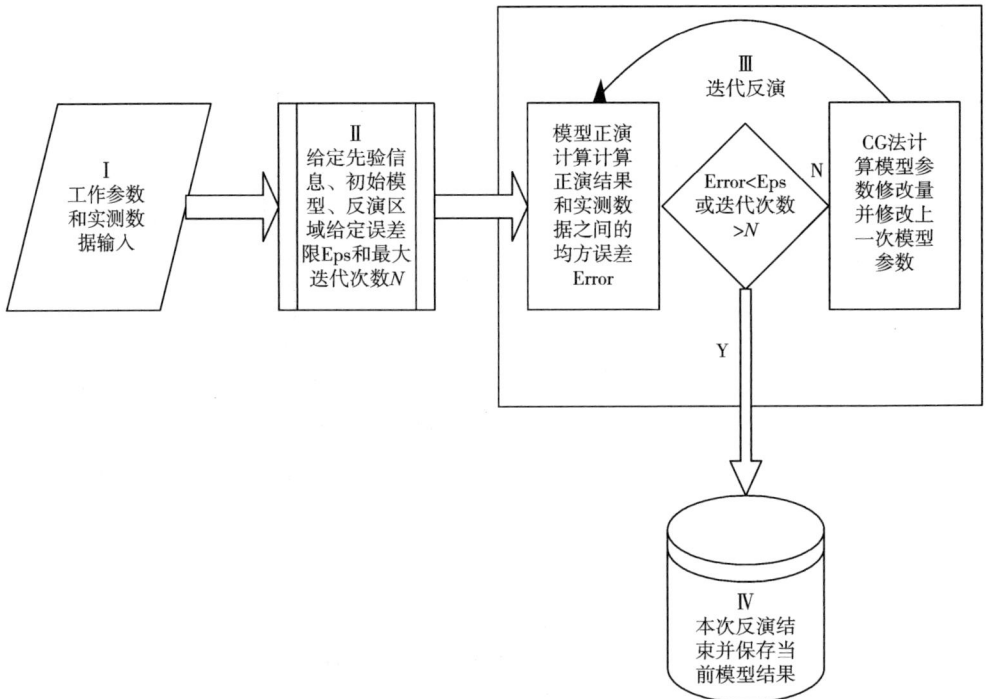

图 5 –14　迭代反演流程示意图

5.2.3　层析成像反演算例

下面以模型正演数据作为实测数据，检验三维层析成像快速反演效果。

算例一：

模型如图 5 - 15 所示，均匀半空间下方赋存一低阻和一高阻异常体，模型参数为：$\rho_0 = 100 \ \Omega \cdot m$，$\eta_0 = 1\%$；$\rho_1 = 10 \ \Omega \cdot m$，$\eta_1 = 50\%$；$\rho_2 = 1000 \ \Omega \cdot m$，$\eta_2 = 1\%$；低阻异常体顶部埋深 $h_1 = 7 \ m$，离钻孔距离 $d_1 = 1 \ m$，大小 $x \times y \times z = a_1 \times b_1 \times c_1 = 6 \ m \times 4 \ m \times 2 \ m$；高阻异常体顶部埋深 $h_2 = 4 \ m$，离钻孔距离 $d_2 = 5 \ m$，大小 $x \times y \times z = a_2 \times b_2 \times c_2 = 3 \ m \times 4 \ m \times 3 \ m$；井 - 地充电激电法观测，充电点位于钻孔深度 $H = 10 \ m$ 处，地面观测，测线沿 x 方向布设，观测电极距 $MN = 1 \ m$，测点距 1 m，相邻测线距 1 m。以井口为坐标原点，通过三维有限元正演计算产生井 - 地充电激

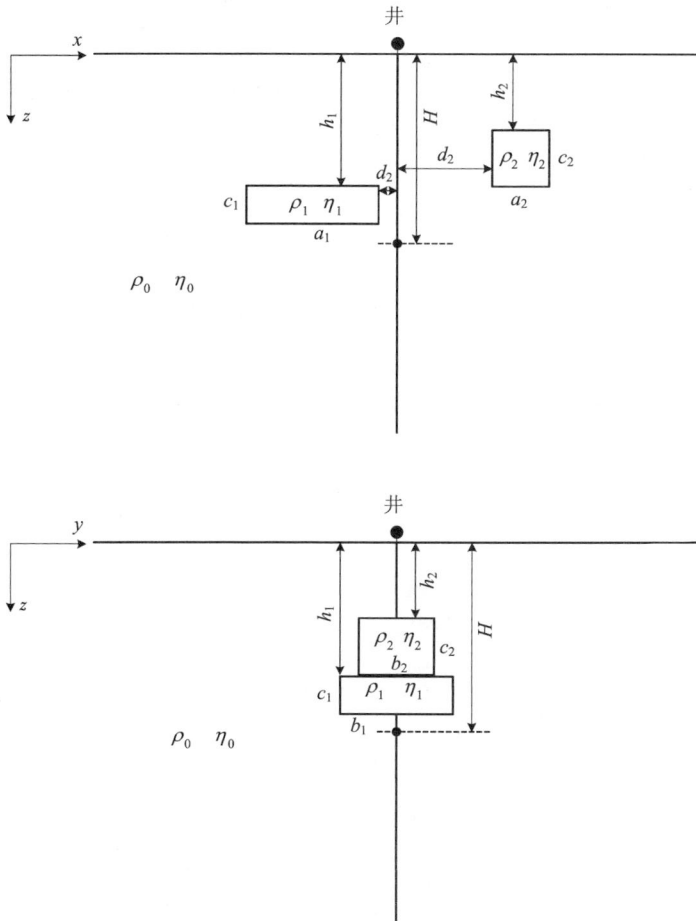

图 5 - 15　激电充电地电模型示意图

电观测地面9条测线($y = -4$ m，-3 m，-2 m，-1 m，0，1 m，2 m，3 m，4 m)
共270个视电阻率和视极化率"实测数据"。

反演初始模型取均值，电阻率为100 $\Omega \cdot$ m，极化率为1%，反演过程中，只
对观测剖面下方(-15 m $< x < 15$ m，-4 m $< y < 4$ m)区域网格进行反演。经过5
次CG反演迭代，均方误差已小于0.01，在计算平台[①]上耗时约9.3 min(解方程
SSOR－PCG迭代30次，期望精度1×10^{-6})，便可完成电阻率和极化率的反演。
将电阻率和极化率的反演结果沿y方向进行切片，如图5－16和图5－17所示，
展示了不同测线下方电阻率和极化率的反演结果。

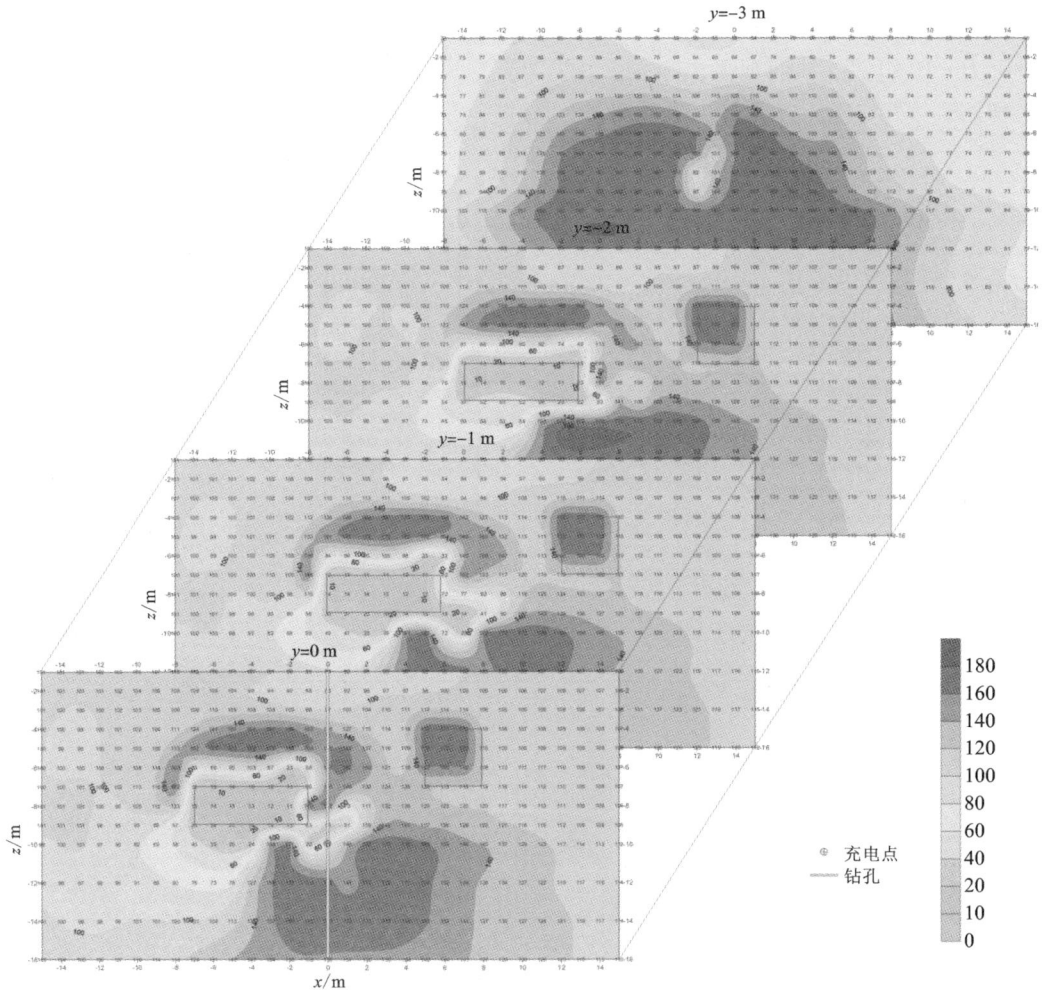

图5－16　不同测线上的电阻率反演结果

---

① 计算平台：Dell Workstation PWS650，Intel(R) Xeon(TM) CPU2.8 GHz 2.79 GHz，内存2.00 GB。

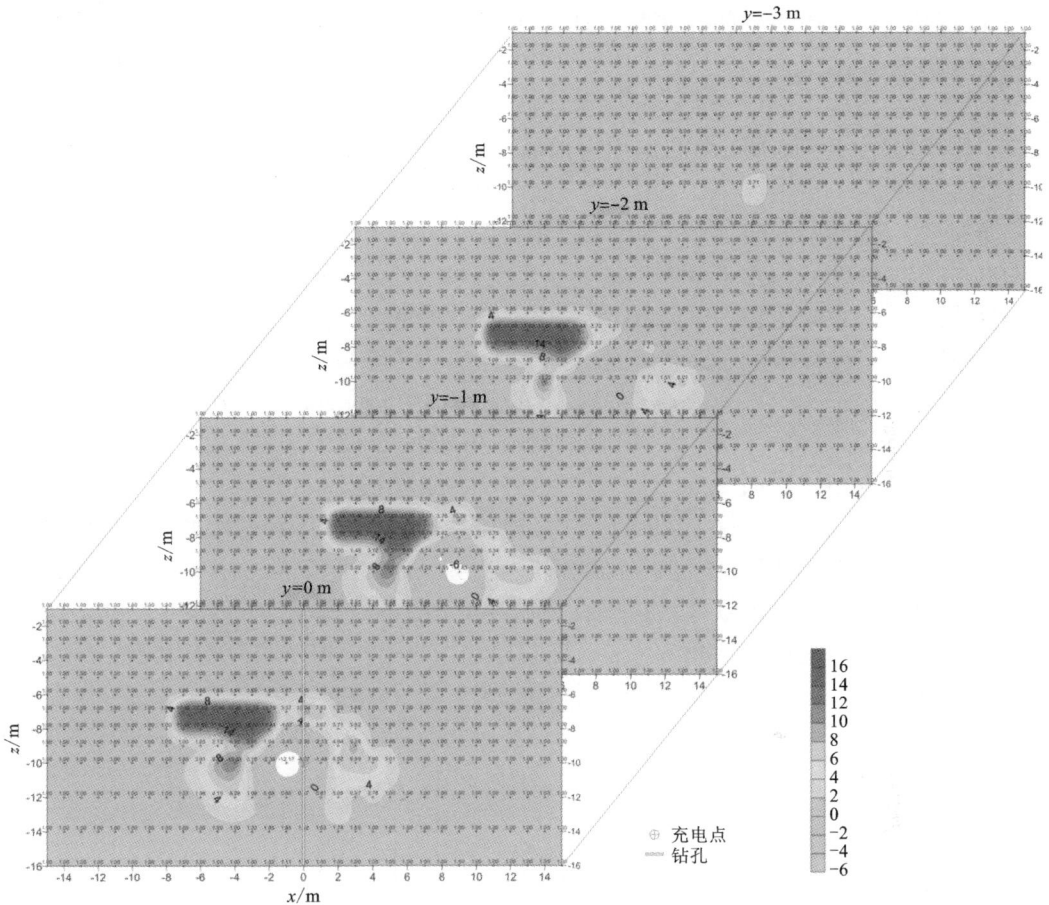

图 5 - 17　不同测线上的极化率反演结果

　　与真实模型相比，电阻率的反演结果基本圈定了高、低阻异常体的位置、延伸范围及边界，反演数值上，低阻异常体的反演电阻率数值基本逼近真实值，而高阻体差异较大。由于受场源和观测方式的影响，在充电点周围及下方，反演出现了一些多余异常体。在低阻异常体的上方出现多余的高阻异常体，可能与近似计算和施加的约束有关。另外，由于高阻体距离充电点较远，反演解释位置与真实情况略有偏差。与电阻率反演结果相比，极化率的反演结果（图 5 - 17）明显要好，在异常体的上方没有出现多余构造，较好地圈定了极化体水平和顶部边界，反演最大极化率为 18%，接近真实值（20%）。在充电点位置周围，受场源等的影响，极化率反演结果出现负值和多余构造。

　　总体上看，井 - 地充电激电 IP 数据的层析成像反演对充电点上部区域的反演效果明显好于下部区域，原因可能是井－地充电激电观测方式获取的充电点上部区域数据信息更多一些。在井－地 IP 的实际工作中，应尽量增加观测数据的信息量，甚至在井中多个位置充电，进行多次观测，将有助于提高反演效果。

算例二：

模型如图 5－18 所示，二维山脊地形，山脊高 10 m，宽 20 m，两侧坡度 45°，钻孔位于山脊侧坡上。45° 倾斜板状异常体位于地形下方偏钻孔一侧，厚度 2 m，x 方向延伸 6 m，y 方向延伸 4 m。背景电性参数 $\rho_0 = 100\ \Omega \cdot m$，$\eta_0 = 1\%$，异常体参数 $\rho_1 = 10\ \Omega \cdot m$，$\eta_1 = 20\%$。井－地充电激电观测，地面测线沿 x 方向布设，测点距 1 m，相邻测线距 1 m。山顶对应 x 坐标零点。

钻孔穿过异常体，揭露深度范围为 7～9 m。为了获取较多的信息，在钻孔中设置两个充电点，一个充电点位于钻孔揭露的异常体中心位置，深度 $H = 8$ m；另一个充电点位于异常体的下方，深度 $H = 14$ m。在地面布设了 7 条测线（$y = -3$ m，-2 m，-1 m，0，1 m，2 m，3 m），通过三维有限元正演模拟得到 840 个数据（其中 420 个一次场电位数据，420 个二次场电位数据），一次场和二次场观测曲线如图 5－19 和图 5－20 所示。由于受地形影响，从一次场和二次场曲线上难以推断出异常体的倾向和延伸规模。所以有必要对实测数据进行反演，以获取更多有关异常体空间分布的电性信息，为准确推断异常体的延伸和规模提供有利依据。

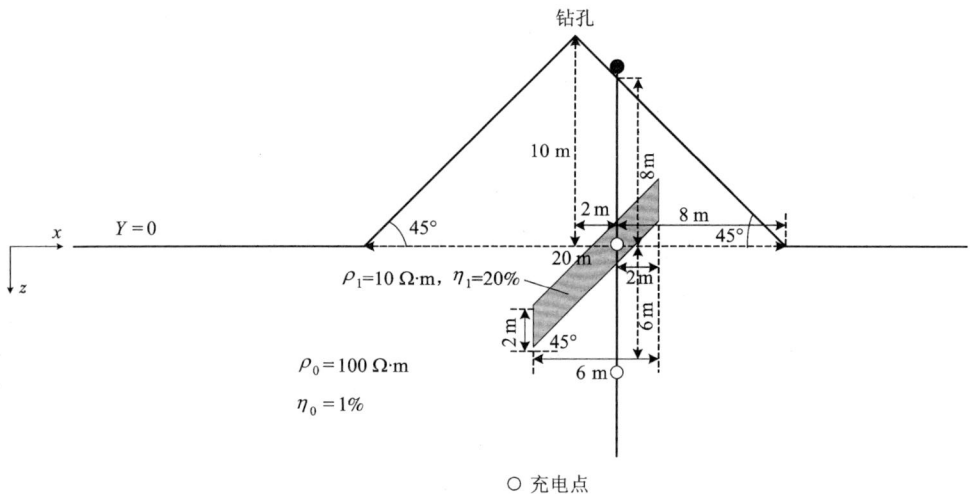

图 5－18　复杂地形井－地充电示意图

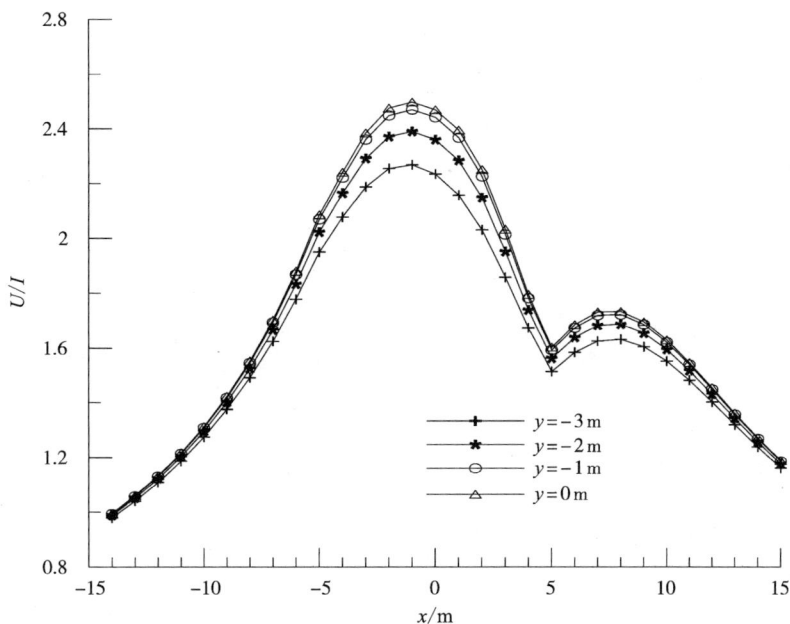

(a) 一次场电位曲线

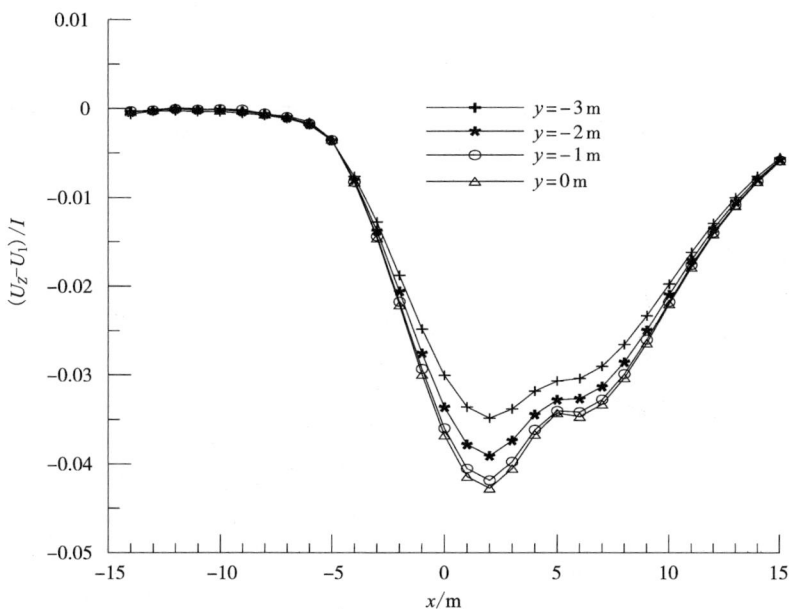

(b) 二次场电位曲线

图 5 - 19　$H = 8$ m 位置充电地面一次场电位和二次场电位曲线

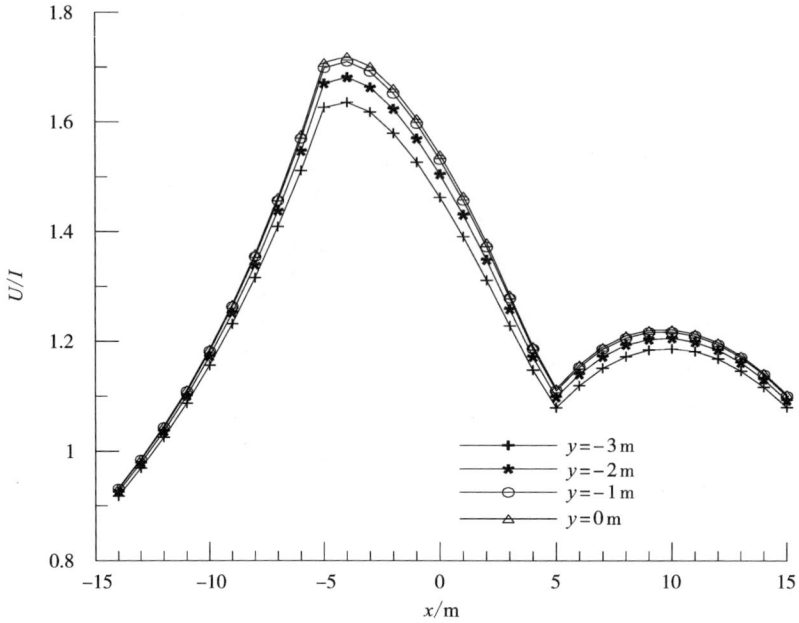

(a)一次场归一化电位曲线

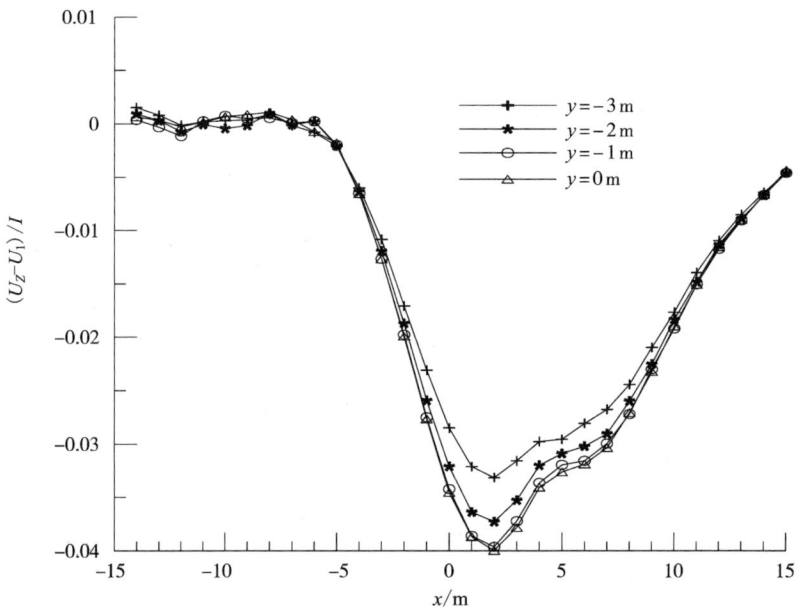

(b)二次场归一化电位曲线

图 5－20　$H=12$ m 位置充电地面一次场归一化电位和二次场归一化电位曲线

　　为减少反演的多解性，要充分利用已知钻孔信息，在反演过程中，将钻孔揭露异常体的位置和属性都作为反演的约束条件，经过 6 次 CG 反演迭代，在计算平台①上耗时约 11.4 min（解方程 SSOR – PCG 迭代 30 次，期望精度 10^{-6}），结束电阻率和极化率的反演。图 5 – 21 为不同测线上电阻率和极化率的反演结果。电阻率和极化率的反演结果清晰地反映了异常体的倾向和延伸情况。因此，开展井 – 地充电激电法的快速反演研究有一定的实际意义。

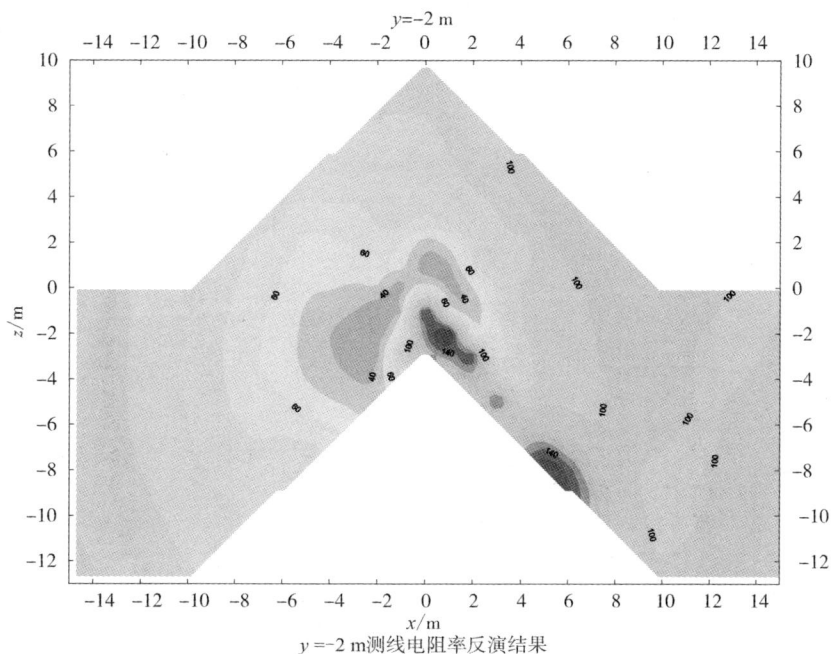

$y = -2$ m 测线电阻率反演结果

　　① 计算平台：Dell Workstation PWS650，Intel（R）Xeon（TM）CPU2.8 GHz 2.79 GHz，内存 2.00 GB。

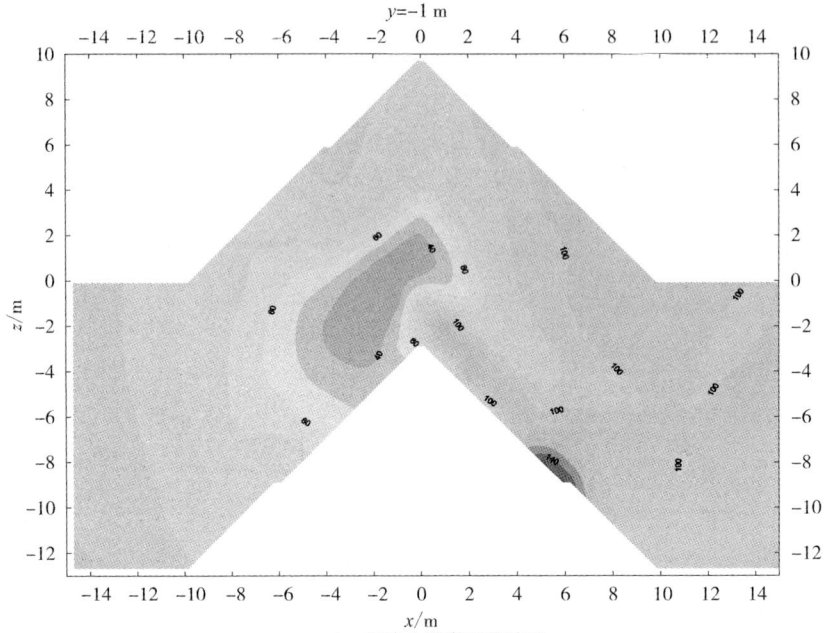

$y=-1$ m测线电阻率反演结果

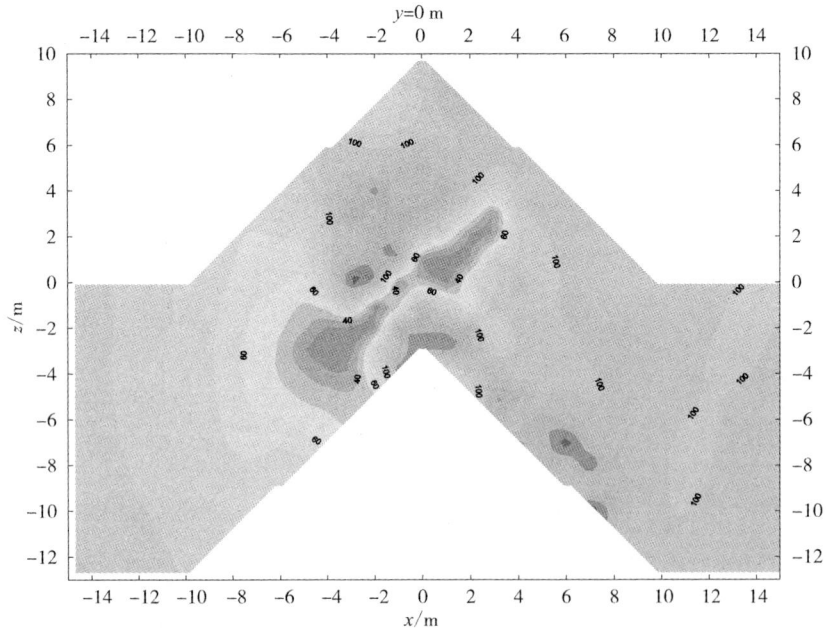

$y=0$测线电阻率反演结果

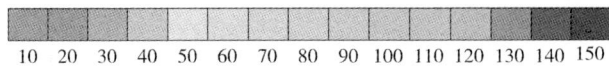

(a)

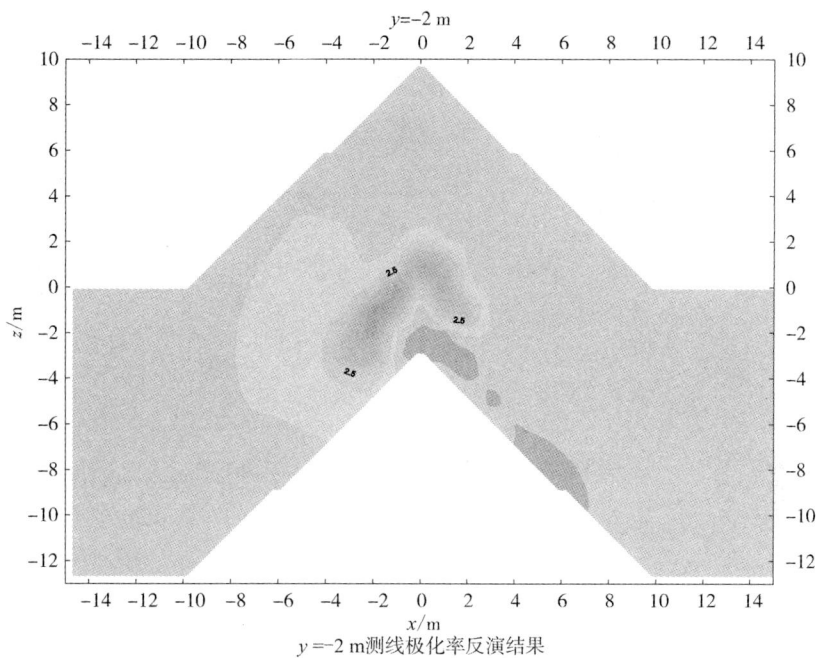

y=−2 m测线极化率反演结果

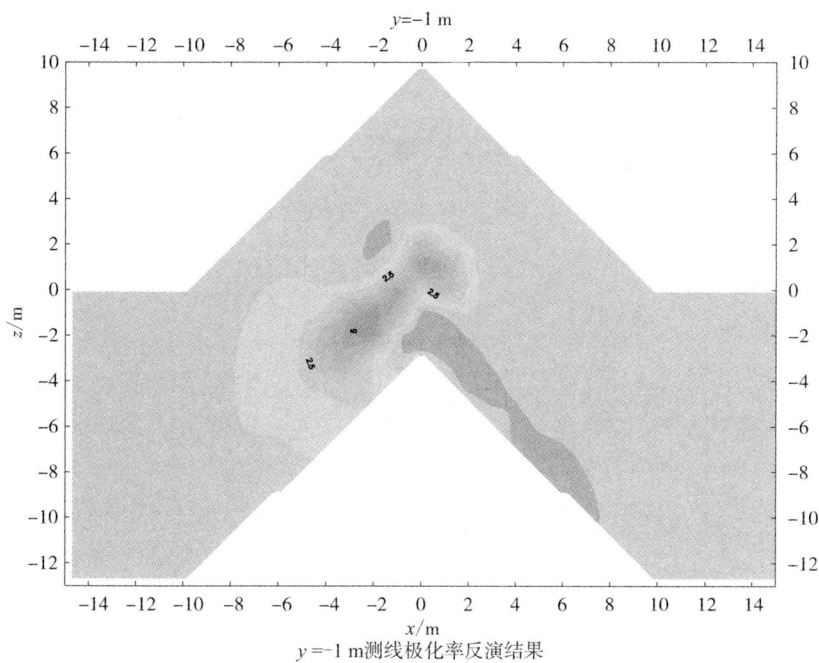

y=−1 m测线极化率反演结果

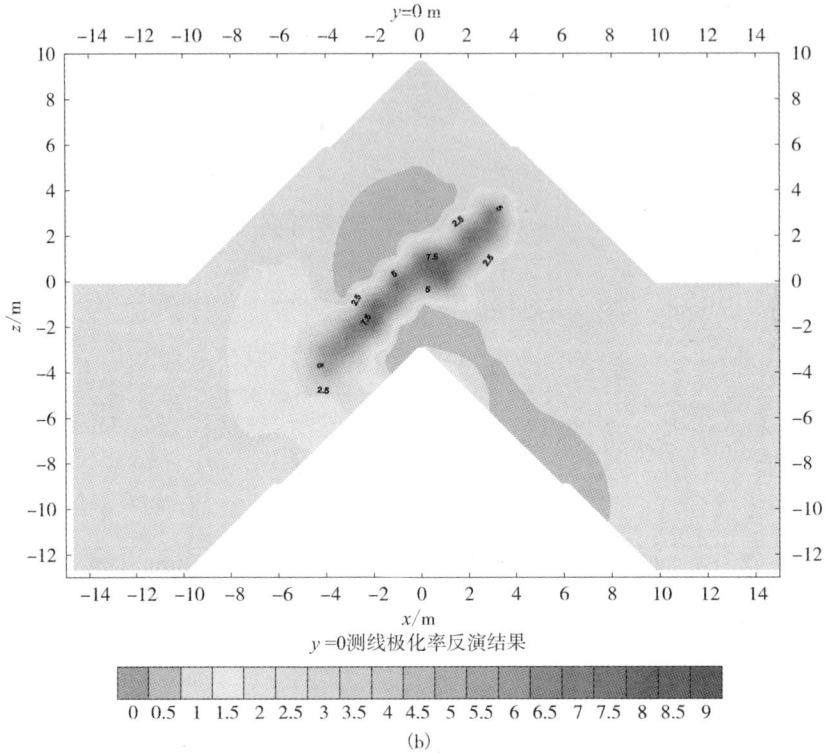

图 5－21　不同测线上反演结果

5.3　本章小结

1）针对当前危机矿山勘查急需的地－井五方位 IP 数据解释，提出正演拟合反演模式，研制开发了人机交互正演拟合反演软件，详细介绍了软件的使用操作。

2）为了实现人机交互反演的快速计算，推导正演计算的"近似解析法"，并论证了其可行性及应用条件。

3）用人机交互正演拟合反演软件对某矿山地－井方位观测实测数据进行反演解释，解释效果很好，软件可以应用于实际中。

4）将 Ax 和 $A^T y$ 近似计算方法应用于地－井、井－地 IP 的三维层析成像 CG 约束反演中，大大提高了反演速度，算例表明可以在实际中推广使用，有很好的应用前景。

第6章 结 论

　　本书针对目前地－井、井－地 IP 的正反演研究成果较少，解释技术相对落后等不足，结合实际应用情况对其进行了全面、系统、深入的研究，取得了一些具有理论意义和实际应用价值的研究成果，对地－井、井－地 IP 的发展与应用起到了推动作用。本书的主要研究工作和创新性成果体现在：

　　1）推导了三维复杂条件下总电位和异常电位的有限元计算方法，讨论了不同观测方式下网格剖分的方法，把四面体交叉剖分技术应用于正演计算中，推导了边界积分计算，并用地形修正公式完成起伏地形的剖分，使得网格的剖分更符合电场的分布规律，提高了计算精度。

　　2）详细分析了三维有限元计算形成的系数矩阵，用 MSR（modified sparse row）压缩存储其非零元素，大大减少了内存消耗；将 SSOR－PCG 法应用到地－井、井－地 IP 三维有限元正演计算中，实现了地－井、井－地 IP 的快速正演。

　　3）分析研究了地－井五方位 IP 的异常特征，总结了异常体位置、参数和方位距离变化、钻孔大小、观测环境和地形等对地－井五方位 IP 异常的影响规律，并依据地－井不同方位观测曲线的异常特征，提出了异常体（盲矿体）的快速定位的方法；最后，总结了地－井五方位 IP 实际应用中应注意的问题。

　　4）以非等位体为研究对象，详细分析了立方体、板状体等典型异常体的激电充电法异常特征；讨论了异常体埋深、充电点位置变化对充电激电异常的影响，指导野外实际工作。

　　5）针对当前地－井五方位 IP 观测数据量少的特点，提出人机交互正演拟合反演解释模式。考虑到解析法速度快和有限元法适应性强，在正演拟合中将两者有机地结合起来，在此基础上，开发了地－井五方位 IP 数据解释的人机交互快速反演解释软件。

　　6）将 CG 非线性迭代算法、Ax 和 A^Ty 近似计算方法应用于地－井、井－地 IP 反演中，避开了 Jacobian 矩阵的直接计算和存储，加快了反演速度，节省了内存消耗；将背景、最光滑模型及已知钻探信息等作为约束条件引入到反演中，提高了反演的稳定性，减少了多解性，大大提高了反演速度。

7）编制了地－井、井－地 IP 有限元三维快速正演程序，在 PC 机①上仅需 1 min 便可完成150000 个剖分单元的正演计算。在正演程序的基础上，编制了地－井、井－地 IP 的三维层析成像快速反演程序，对于 50000 个模型参数，反演迭代 6 次，仅耗时 10 min 左右，而且对模型数据的反演效果较好。从精度和速度的角度，已基本达到实用水平。

---

① 计算平台：Genuine Intel(R) CPU 2.14 GHz @ 1.60 GHz 1.60 GHz，内存2.00 GB。

参考文献

[1] Lamontagne Y, West G F. EM response of a rectangular thin plate[J]. Geophysics, 1971, 36 (6): 1204 – 1222.

[2] Jepsen A F. Numerical modelling in resistivity prospecting [M]. University of California, Department of Materials Science and Engineering: Engineering Geoscience, 1969.

[3] Mufti I R. Finite-difference resistivity modeling for arbitrarily shaped two-dimensional structures [J]. Geophysics, 1976, 41(1): 62 – 78.

[4] Mufti I R. A practical approach to finite-difference resistivity modeling[J]. Geophysics, 1978, 43(5): 930 – 942.

[5] Dey A, Morrison H F. Resistivity modeling for arbitrarily shaped three-dimensional structures [J]. Geophysics, 1979, 44(4): 753 – 780.

[6] Scriba H. Computation of the electric potential in three-dimensional structures[J]. Geophysical Prospecting, 1981, 29(5): 790 – 802.

[7] Zhdanow M S, Golubev N G, Spichak V V, et al. The construction of effective methods for electromagnetic modelling[J]. Geophysical Journal International, 1982, 68(3): 589 – 607.

[8] Gldman M M, Stoyer C H. Finite-difference calculations of the transient field of an axially symmetric earth for vertical magnetic dipole excitation[J]. Geophysics, 1983, 48 (7): 953 – 963.

[9] Leppin M. Electromagnetic modeling of 3-D sources over 2-D inhomogeneities in the time domain[J]. Geophysics, 1992, 57(8): 994 – 1003.

[10] Spitzer K, Wurmstich B, Oristaglio M L, et al. Speed and accuracy in 3D resistivity modeling [J]. Three-Dimensional Electromagnetics, 1999, 7: 161 – 176.

[11] 周熙襄, 钟本善, 江玉乐. 点源二维电阻率法有限差分法正演计算[D]. 成都: 成都地质学院, 1983.

[12] 罗延钟, 万乐. 二维地形不平条件下均匀外电场的有限差分模拟[J]. 物化探计算技术, 1984, 6(4): 15 – 26.

[13] 罗延钟, 万乐. 用数值模拟方法构组保角变换坐标网——(一种快速实现二维电法和重磁资料"曲化平"的方法)[J]. 物探化探计算技术, 1986 (1): 4.

[14] 刘树才, 周圣武. 二维电法数值模拟中的网格剖分方法[J]. 物探化探计算技术, 1995, 17(1): 49–51.

[15] 邓正栋, 关洪军, 万乐, 等. 稳定点电流源场三维有限差分正演模拟[D]. 南京: 解放军理工大学, 2000.

[16] 吴小平, 徐果明, 李时灿. 利用不完全 Cholesky 共轭梯度法求解点源三维地电场[J]. 地球物理学报, 1998(06): 848–855.

[17] Fox R C, Hohmann G W, Killpack T J, et al. Topographic effects in resistivity and induced-polarization surveys[J]. Geophysics, 1980, 45(1): 75–93.

[18] Okabe M. Boundary element method for the arbitrary inhomogeneities problem in electrical prospecting[J]. Geophysical Prospecting, 1981, 29(1): 39–59.

[19] Nardini D, Brebbia C A. Transient dynamic analysis by the boundary element method[J]. Boundary Elements, 1983: 719–730.

[20] Oppliger G L. Three-dimensional terrain corrections for mise-a-la-masse and magnetometric resistivity surveys[J]. Geophysics, 1984, 49(10): 1718–1729.

[21] 刘继东. 用异常电位边界单元法做电测深资料地形改正[J]. 煤田地质与勘探, 1998 (03): 55–57.

[22] 汤洪志, 刘庆成, 龚育龄. 边界单元法在高密度电阻率法二维地形改正中的应用效果[J]. 物探与化探, 2001, 25(6): 457–459, 479.

[23] Xu S, Zhao S. Two－Dimensional Magnetotelluric Modelling by the Boundary Element Method[J]. Journal of geomagnetism and geoelectricity, 1987, 39(11): 677–698.

[24] 徐世浙, 汪晓东. 多域地电断面均匀电场边界元法正演[J]. 物探化探计算技术, 1990 (02): 106–112.

[25] 徐世浙, 王庆乙, 王军. 用边界单元法模拟二维地形对大地电磁场的影响[J]. 地球物理学报, 1992(03): 380–388.

[26] Xu S Z. The effect of two-dimensional terrain with point current source on resistivity surveys [J]. Geophysical research letters, 1993, 20(10): 891–894.

[27] 李予国, 徐世浙. 垂直断层附近三维不均匀体点源电场的边界单元法[D]. 青岛: 中国海洋大学, 1996.

[28] 马钦忠, 钱家栋. 二维频率测深边界单元法正演计算[J]. 地球物理学报, 1995(02): 252–261.

[29] 谭义东, 周京涛. 边界单元法在电法资料解释中的应用[J]. 地质与勘探, 1993(10): 41–47.

[30] 毛先进, 鲍光淑, 宋守根. 半空间中多个三维体电阻率响应的边界积分方程模拟[J]. 地球物理学报, 1996(06): 823–834.

[31] 毛先进, 鲍光淑. 2.5 维问题电阻率正演的新方法[J]. 中南工业大学学报, 1997(04): 307–310.

[32] Hohmann G W. Three-dimensional induced polarization and electromagnetic modeling[J]. Geophysics, 1975, 40(2): 309–324.

［33］ Coggon J H. Electromagnetic and electrical modeling by the finite element method［J］. Geophysics, 1971, 36(2): 132 - 151.

［34］ Rodi W L. A technique for improving the accuracy of finite element solutions for magnetotelluric data［J］. Geophysical Journal International, 1976, 44(2): 483 - 506.

［35］ Rijo L. Modeling of electric and electromagnetic data［D］. Salt Lake City: The University of Utah, 1977.

［36］ Kaikkonen P. Numerical VLF modeling［J］. Geophysical Prospecting, 1979, 27 (4): 815 - 834.

［37］ Chambers J E, Wilkinson P B, et al. Mineshaft imaging using surface and crosshole 3D electrical resistivity tomography: A case history from the East Pennine Coalfield. UK［J］. Journal of Applied Geophysics, 2007, 62(4): 324 - 337.

［38］ Pridmore D F, Hohmann G W, Ward S H, et al. An investigation of finite - element modeling for electrical and electromagnetic data in three dimensions［J］. Geophysics, 1981, 46(7): 1009 - 1024.

［39］ Wannamaker P E, Stodt J A, Rijo L. Two-dimensional topographic responses in magnetotellurics modeled using finite elements［J］. Geophysics, 1986, 51(11): 2131 - 2144.

［40］ Unsworth M J, Travis B J, Chave A D. Electromagnetic induction by a finite electric dipole source over a 2-D earth［J］. Geophysics, 1993, 58(2): 198 - 214.

［41］ 朱伯芳. 有限单元法原理与应用［M］. 北京: 水利电力出版社, 1979.

［42］ 李大潜. 有限元素法在电法测井中的应用［M］. 北京: 石油工业出版社, 1980.

［43］ 周熙襄, 钟本善, 严忠琼, 等. 有限单元法在直流电法勘探正问题中的应用［J］. 物化探电子计算技术, 1980(03): 57 - 65.

［44］ 周熙襄. 电法勘探数值模拟技术［M］. 成都: 四川科学技术出版社, 1986.

［45］ 罗延钟, 张桂青. 电子计算机在电法勘探中的应用［M］. 武汉: 武汉地质学院出版社, 1987.

［46］ 徐世浙. 有限单元法及在物探中的应用简介［J］. 物化探电子计算技术, 1982(Z1): 86 - 104.

［47］ 徐世浙. 二维分块均匀物体的重力异常的计算［J］. 中国科学技术大学学报, 1984(01): 126 - 132.

［48］ 徐世浙. 用有限元法计算二维重力场垂直分量及重力位二阶导数［J］. 石油地球物理勘探, 1984, 5: 468 - 476.

［49］ 徐世浙, 赵生凯. 二维各向异性地电断面大地电磁场的有限元法解法［J］. 地震学报, 1985(01): 80 - 90.

［50］ 徐世浙, 赵生凯. 地形对大地电磁勘探的影响［J］. 西北地震学报, 1985(04): 69 - 78.

［51］ 徐世浙. 电导率分段线性变化的水平层的点电源电场的数值解［J］. 地球物理学报, 1986(01): 84 - 90.

［52］ 徐世浙. 点源二维各向异性地电断面的直流电场有限元解法［J］. 山东海洋学院学报, 1988(01): 81 - 90.

[53] 徐世浙. 点源二维电场问题中傅氏反变换的波数的选择[J]. 物探化探计算技术, 1988b, 10(03): 235 - 239.

[54] 徐世浙. 地球物理中的有限单元法[M]. 北京: 科学出版社, 1994.

[55] 阮百尧, 熊彬, 徐世浙. 三维地电断面电阻率测深有限元数值模拟[J]. 地球科学, 2001, 26(01): 73 - 77.

[56] 阮百尧, 熊彬. 电导率连续变化的三维电阻率测深有限元数值模拟[J]. 地球物理学报, 2002, 45: 131 - 138.

[57] 黄俊革, 阮百尧, 鲍光淑. 齐次边界条件下三维地电断面电阻率有限元数值模拟法[J]. 桂林工学院学报, 2002, 22: 11 - 14.

[58] 黄俊革. 三维电阻率/极化率有限元正演模拟和反演成像[D]. 长沙: 中南大学, 2003.

[59] 强建科. 起伏地形三维电阻率正演模拟与反演成像研究[D]. 武汉: 中国地质大学(武汉), 2006.

[60] Tripp A C, Hohmann G W, Swift C M Jr. Two dimensional resistivity inversion [J]. Geophysics, 1984, 49: 1708 - 1717.

[61] Petrick W R Jr, Sill W R, Ward S H. Three dimensional resistivity inversion using alpha centers[J]. Geophysics, 1981, 46: 1148 - 1163.

[62] Pelton W H, Rijo L, Swift Jr, C M. Inversion of two-dimensional resistivity and induced-polarization data[J]. Geophysics, 1978, 43: 788 - 803.

[63] Shima H. Two - dimensional automatic resistivity inversion technique using alpha centers[J]. Geophysics, 1990, 55(6): 682 - 694.

[64] Shima H. 2-D and 3-D resistivity image reconstruction using crosshole data[J]. Geophysics, 1992, 57(10): 1270 - 1281.

[65] Rijo L. Inversion of three - dimensional resistivity and induced - polarization data[M]. SEG Technical Program Expanded Abstracts, 1984.

[66] Park S K, Van G P. Inversion of pole-pole data for 3-D resistivity structure beneath arrays of electrodes[J]. Geophysics, 1991, 56(7): 951 - 960.

[67] Yaoguo L, Oldenburg D W. Approximate inverse mappings in DC resistivity problems[J]. Geophysical Journal International, 1992, 109(2): 343 - 362.

[68] Yaoguo L, Oldenburg D W. Inversion of 3 - D DC resistivity data using an approximate inverse mapping[J]. Geophysical journal international, 1994, 116(3): 527 - 537.

[69] Sasaki Y. 3-D resistivity inversion using the finite-element method[J]. Geophysics, 1994, 59(12): 1839 - 1848.

[70] Ellis R G, Oldenburg D W. The pole-pole 3-D Dc-resistivity inverse problem: a conjugategradient approach[J]. Geophysical Journal International, 1994, 119(1): 187 - 194.

[71] Zhang J, Mackie R L, Madden T R. 3-D resistivity forward modeling and inversion using conjugate gradients[J]. Geophysics, 1995, 60(5): 1313 - 1325.

[72] 吴小平. 利用共轭梯度方法的电阻率三维正反演研究[D]. 北京: 中国科技大学, 1998.

[73] 吴小平, 徐果明. 利用共轭梯度方法电阻率三维反演研究[J]. 地球物理学报, 2000, 43

(3)：420 – 427.

［74］ Loke M H，Barker R D. Least-squares deconvolution of apparent resistivity pseudosections［J］. Geophysics，1995，60(6)：1682 – 1690.

［75］ Loke M H，Barker R D. Rapid least-squares inversion of apparent resistivity pseudosections by a quasi-Newton method 1［J］. Geophysical Prospecting，1996，44(1)：131 – 152.

［76］ 阮百尧，村上裕，徐世浙. 激发极化法数据的最小二乘二维反演方法［J］. 地球科学，1999，24(6)：619 – 624.

［77］ 蔡柏林，黄智辉. 井中激发极化法的数值模拟方法［J］. 物探与化探，1979，3(5)：64 – 74.

［78］ 蔡柏林，黄智辉，谷守民. 井中激发极化法［M］. 北京：地质出版社，1983.

［79］ 原宏壮，陆大卫，张辛耘，等. 测井技术新进展综述［J］. 地球物理学进展，2005，20(03)：787 – 795.

［80］ 陈琼，王伟，葛辉. 成像测井技术现状及进展［J］. 国外测井技术，2007，22(3)：8 – 10.

［81］ 何裕盛. 地下动态导体充电法高精度定量解释［J］. 物探与化探，2001，25(3)：215 – 223.

［82］ 王志刚，何展翔，魏文博，等. 井地电法三维物理模型试验［J］. 石油地球物理勘探，2005，40(5)：594 – 597.

［83］ Zhou B，Greenhalgh S A. Rapid 2-D/3-D crosshole resistivity imaging using the analytic sensitivity function［J］. Geophysics，2002，67(3)：755 – 765.

［84］ Axelsson O. A survey of preconditioned iterative methods for linear systems of algebraic equations［J］. BIT Numerical Mathematics，1985，25(1)：165 – 187.

［85］ Kershaw D S. The incomplete Cholesky—conjugate gradient method for the iterative solution of systems of linear equations［J］. Journal of Computational Physics，1978，26(1)：43 – 65.

［86］ Saad Y. Iterative methods for sparse linear systems［M］. Society for Industrial and Applied Mathematics Philadelphia，PA，USA，2003.

［87］ Van Der Vorst H A. Modern methods for the iterative solution of large systems of linear equations［J］. Nieuw Archief Voor Wiskunde，1996，14：127 – 144.

［88］ 吕玉增，阮百尧. 复杂地形条件下四面体剖分电阻率三维有限元数值模拟. 地球物理学进展［J］，2006，21(04)：1302 – 1308.

［89］ 井中激发极化法技术教程. 中华人民共和国地质矿产行业标准［S］，DZ/T 0204—1999.

［90］ Oppliger G L. Three-dimensional terrain corrections for mise-a-la-masse and magnetometric resistivity surveys［J］. Geophysics，1984，49(10)：1718 – 1729.

［91］ 杨华，李金铭. 归一化总梯度解释法在充电法中的应用研究［J］. 物探与化探，2001(02)：95 – 101.

［92］ 杨华，李金铭. 起伏地形对近矿围岩充电法影响规律的数值模拟研究［J］. 物探与化探，1999，23(03)：202 – 210.

［93］ 阮百尧，村上裕，徐世浙. 电阻率/激发极化法数据的二维反演程序［J］. 物探化探计算技术，1999，21：116 – 125.

[94] Weller A, Frangos W, Seichter M. Three-dimensional inversion of induced polarization data from simulated waste[J]. Journal of Applied Geophysics, 1999, 41(1): 31 – 47.

[95] 阮百尧. 视电阻率对模型电阻率的偏导数矩阵计算方法[J]. 地质与勘探, 2001(06): 39 – 41.

[96] Constable S C, Parker R L, Constable C G. Occam's inversion: A practical algorithm for generating smooth models from electromagnetic sounding data[J]. Geophysics, 1987, 52(3): 289 – 300.

[97] Oldenburg D W, Li Y. Inversion of induced polarization data[J]. Geophysics, 1994, 59(9): 1327 – 1341.

[98] Ellis R G, Oldenburg D W. Applied geophysical inversion [J]. Geophysical Journal International, 1994, 116(1): 5 – 11.

[99] Fox R C, Hohmann G W, Killpack T J, et al. Topographic effects in resistivity and induced-polarization surveys[J]. Geophysics, 1980, 45(1): 75 – 93.

[100] Oldenburg D W, Ellis R G. Inversion of geophysical data using an approximate inverse mapping [J]. Geophysical Journal International, 1991, 105(2): 325 – 353.

[101] Kamiya H, Shima H. Three – dimensional resistivity inversion technique using surface pole – pole array data[M]. SEG Technical Program Expanded Abstracts, 1993.

[102] Oldenburg D W, McGillivray P R, Ellis R G. Generalized subspace methods for large-scale inverse problems[J]. Geophysical Journal International, 1993, 114(1): 12 – 20.

[103] 傅良魁. 电法勘探教程[M]. 北京: 地质出版社, 1983.

[104] 戴振铎, 鲁述. 电磁理论中的并矢格林函数[M]. 武汉: 武汉大学出版社, 1995.

[105] 徐世浙. 地球物理中的边界单元法[M]. 北京: 科学出版社, 1995.

[106] 谢靖. 物探数据处理的数学方法[M]. 北京: 地质出版社, 1981.

[107] 李忠元. 电磁场边界元素法[M]. 北京: 北京工业学院出版社, 1987.

[108] 田宪谟, 黄兰珍. 电法勘探用边界单元法[M]. 北京: 地质出版社, 1990.

[109] 周熙襄, 钟本善, 严忠琼, 等. 电法勘探正演数值模拟的若干结果[J]. 地球物理学报, 1983(05): 479 – 491.

[110] 张菊明, 熊亮萍. 有限单元法在地热研究中的应用[M]. 北京: 科学出版社, 1986.

[111] 徐世浙, 倪逸. 复杂地电条件下点源三维电阻率模拟的新方法[J]. 物探化探计算技术, 1991(01): 13 – 20.

[112] 陈乐寿. 有限元法在大地电磁场正演计算中的应用[J]. 石油勘探, 1981, 20(3): 84 – 103

[113] 胡建德, 蔡纲. 用三角形、二次插值有限元法计算二维大地电磁测深曲线[J]. 石油地球物理勘探, 1984, 19(3): 358 – 367

[114] 饶寿期. 有限元法和边界元法基础[M]. 北京: 北京航空航天大学出版社, 1990.

[115] Xu S, Gao Z, Zhao S. An integral formulation for three-dimensional terrain modeling for resistivity surveys[J]. Geophysics, 1988, 53(4): 546 – 552.

[116] Queralt P, Pous J, Marcuello A. 2-D resistivity modeling: An approach to arrays parallel to the

strike direction[J]. Geophysics, 1991, 56(7): 941 – 950

[117] Dieter K, Paterson N R, Grant F S. IP and resistivity type curves for three-dimensional bodies [J]. Geophysics, 1969, 34(4): 615 – 632.

[118] Cole D M, Kosloff D D, Minster J B. A numerical boundary integral equation method for elastodynamics[J]. Bulletin of the Seismological Society of America, 1978, 68 (5): 1331 – 1357.

[119] Chouteau M, Bouchard K. Two-dimensional terrain correction in magnetotelluric surveys[J]. Geophysics, 1988, 53(6): 854 – 862.

[120] Cruse T A. An improved boundary-integral equation method for three dimensional elastic stress analysis[J]. Computers & Structures, 1974, 4(4): 741 – 754.

[121] Olayinka A I, Yaramanci U. 2-D inversion of apparent resistivity data[J]. Geophysical prospecting, 2000, 48: 293 – 316

[122] Guo Y, Ko H W, White D M. 3-D localization of buried objects by nearfield electromagnetic holography[J]. Geophysics, 1998, 63(3): 880 – 889.

[123] 汤井田, 张继锋, 冯兵, 等. 井地电阻率法歧离率确定高阻油气藏边界[J]. 地球物理学报, 2007, 50(3): 926 – 931.

[124] 何展翔, 江汶波. 井中充电多参数网络监测方法及正反演研究[J]. 石油地球物理勘探, 2004(S1): 135 – 138.

[125] 曹辉. 井中地球物理技术综述[J]. 勘探地球物理进展, 2004(04): 235 – 240.

[126] 陈有太. 井中激电在金矿床上应用的地质效果[J]. 物探与化探, 1990, 14(03): 202 – 208.

[127] 吴小平, 汪彤彤. 电阻率三维反演方法研究进展[J]. 地球物理学进展, 2002(01): 156 – 162.

附 录

附录1 不同位置充电点的异常平面图

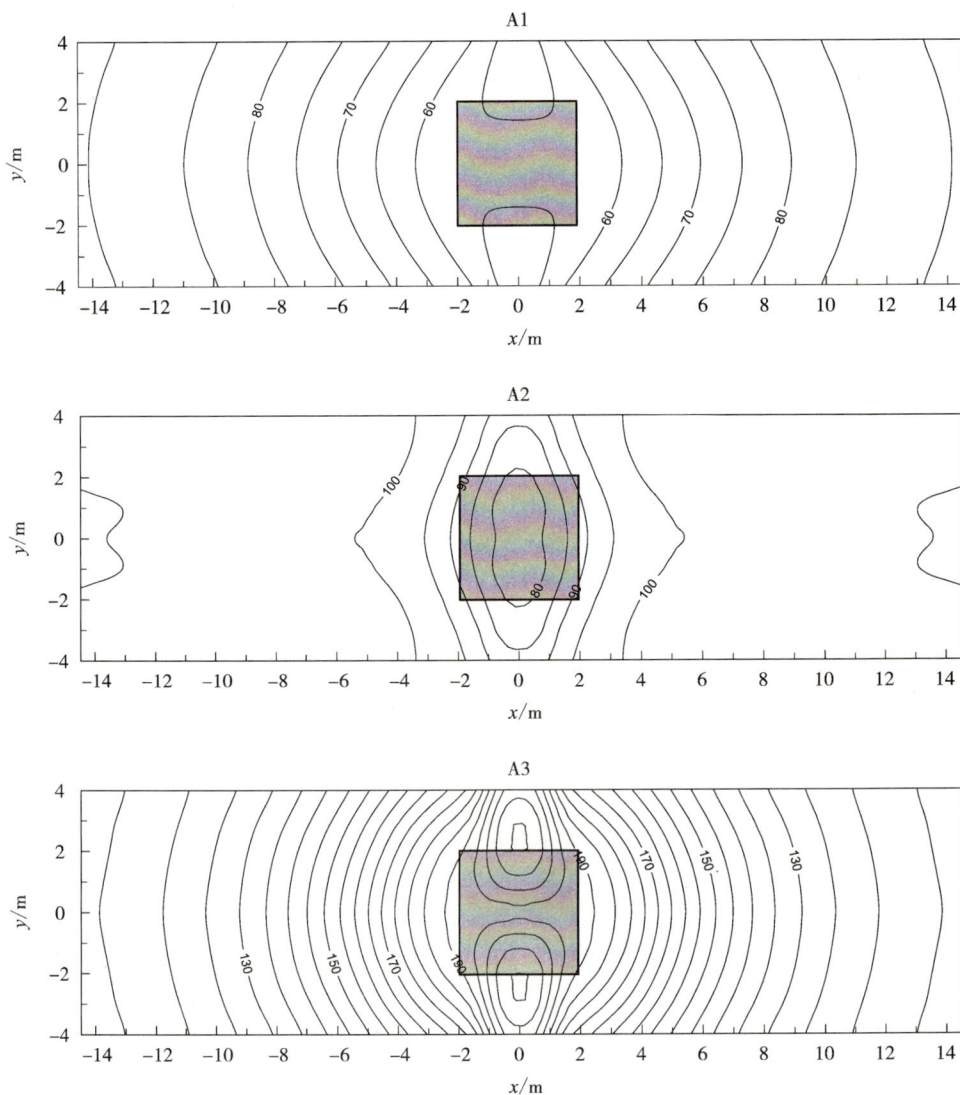

A4

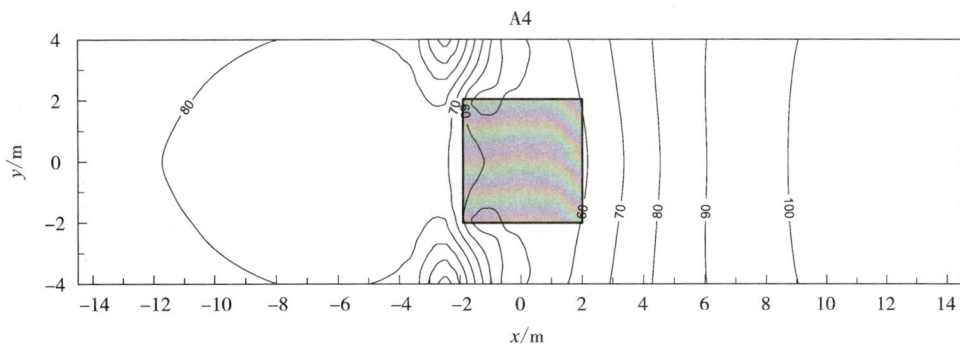

A5

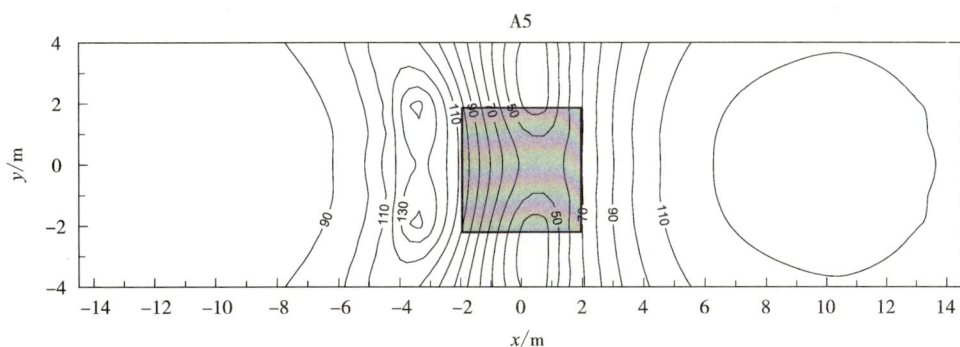

A6

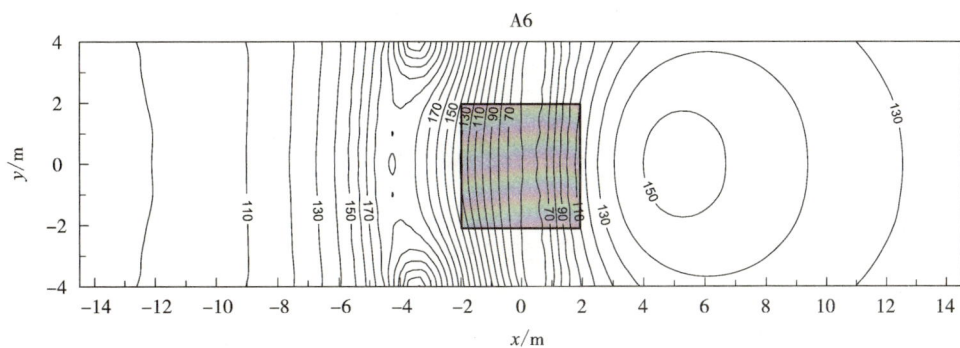

A7

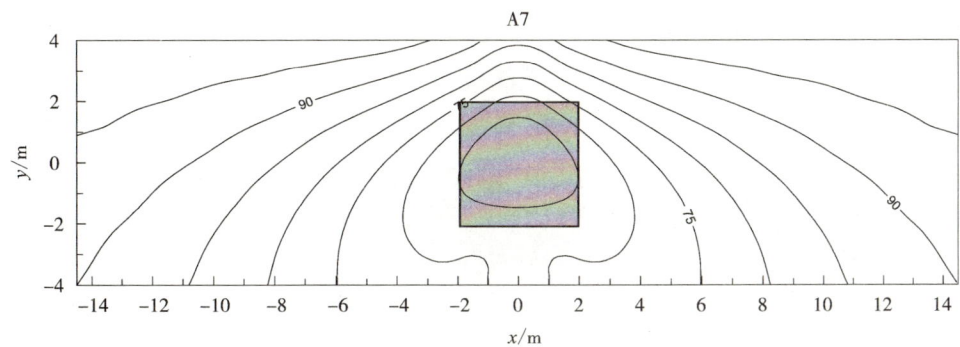

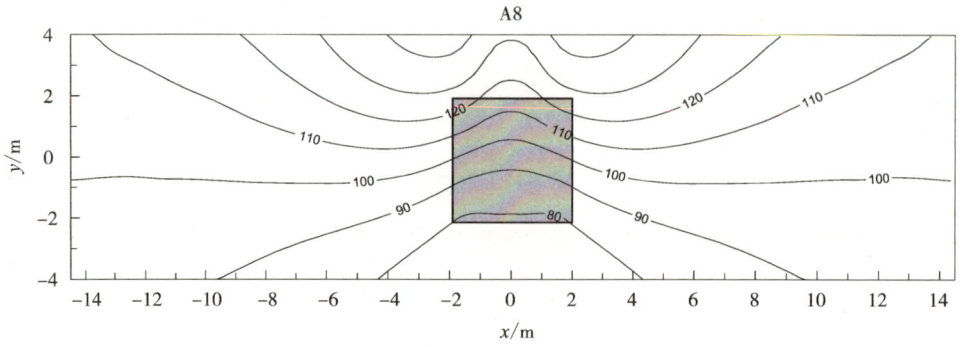

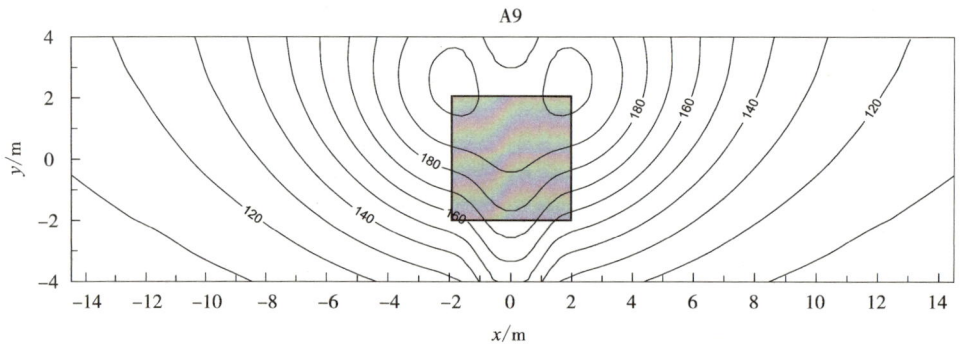

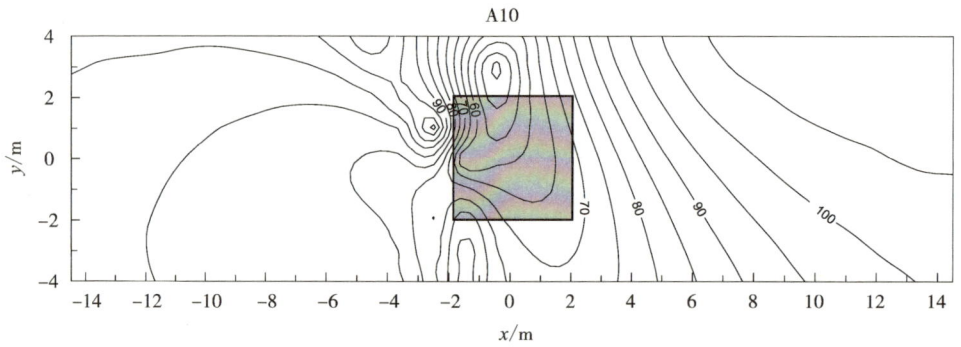

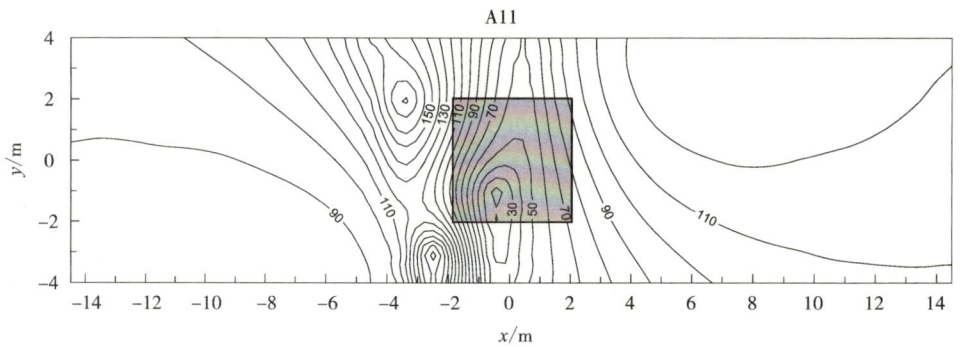

A12

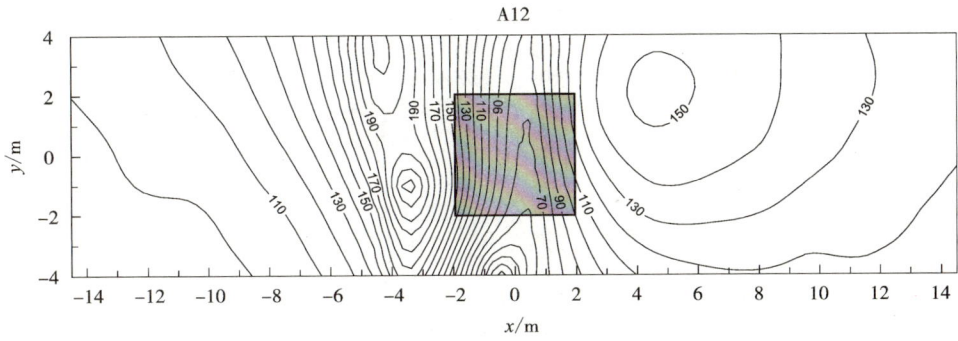

F1-1 不同位置充电点的视电阻率异常平面图

A1

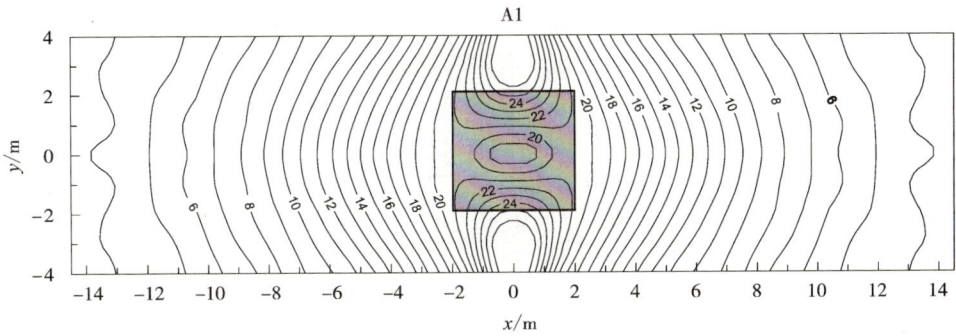

A2

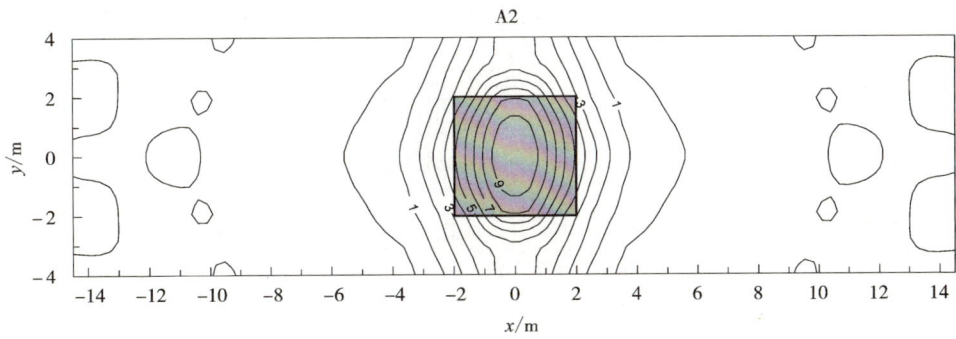

A3

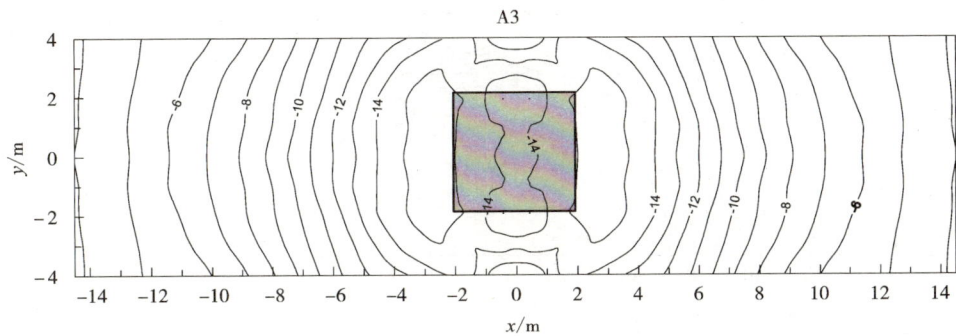

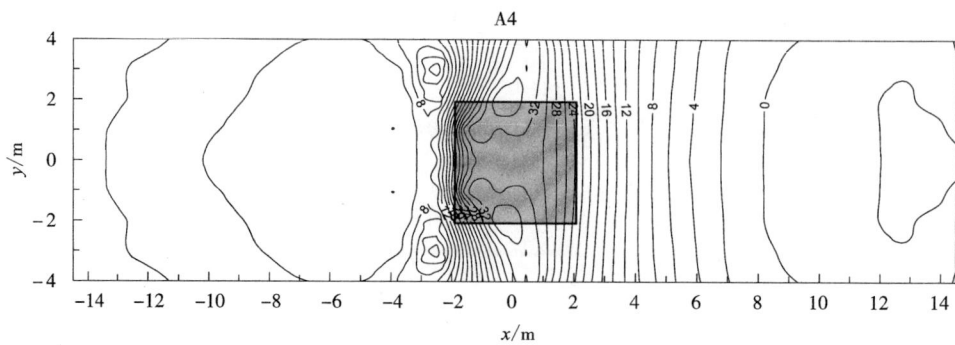

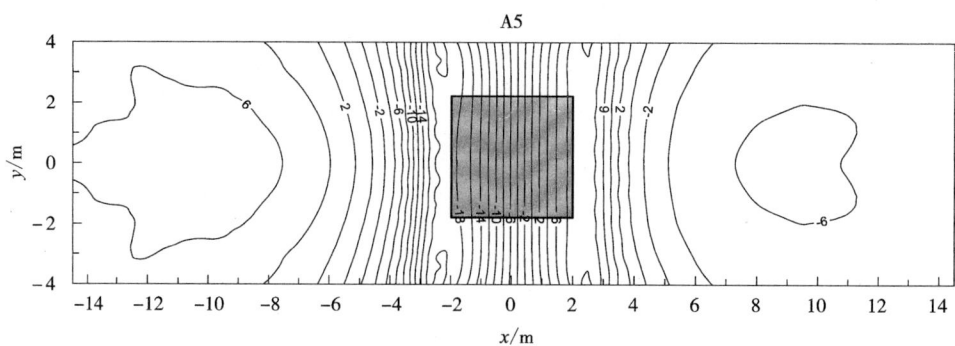

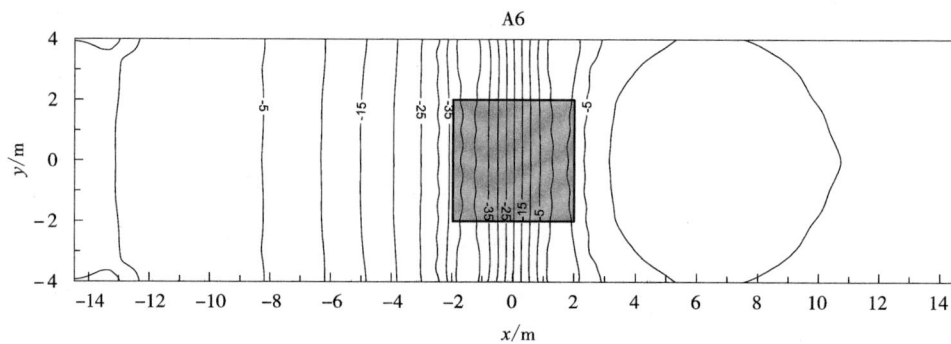

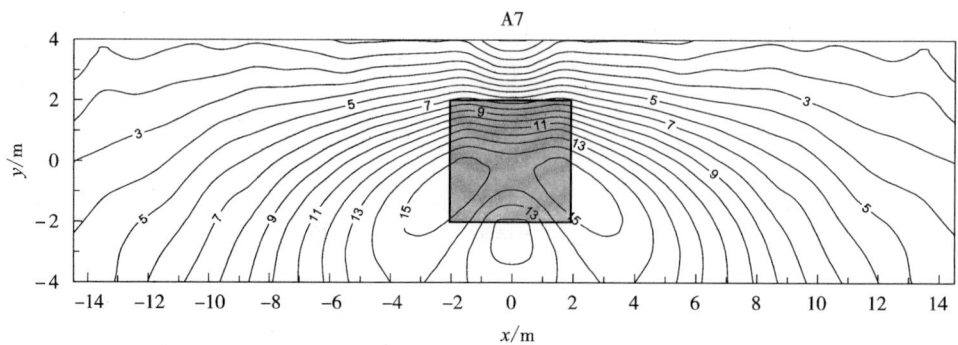

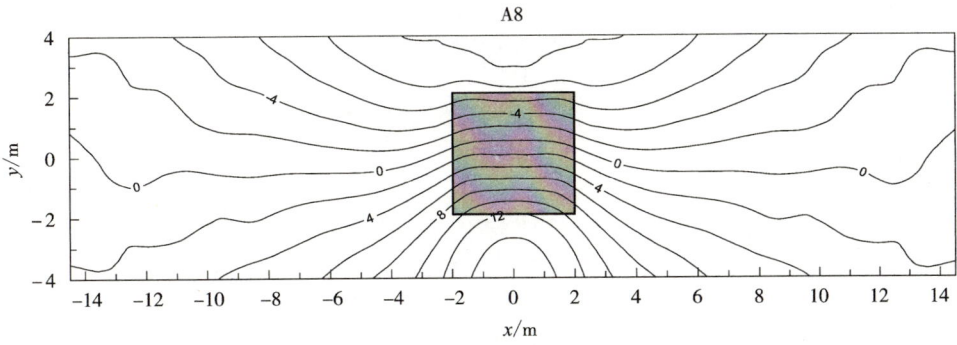
A8

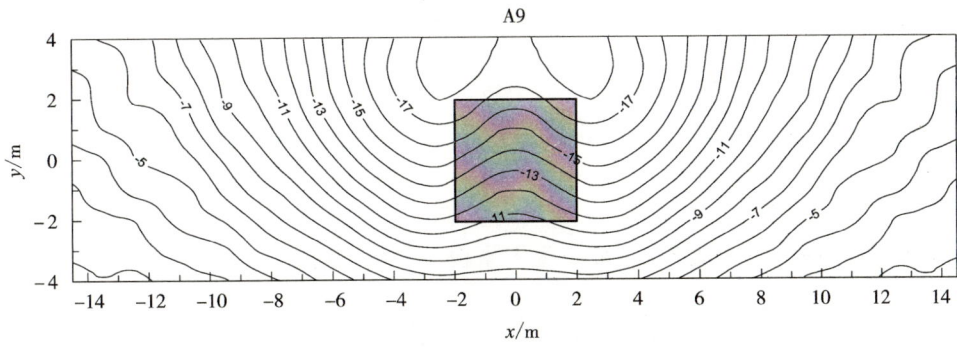
A9

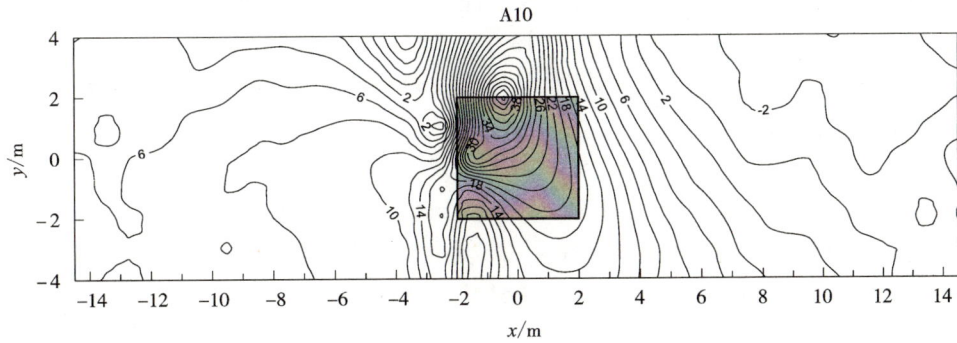
A10

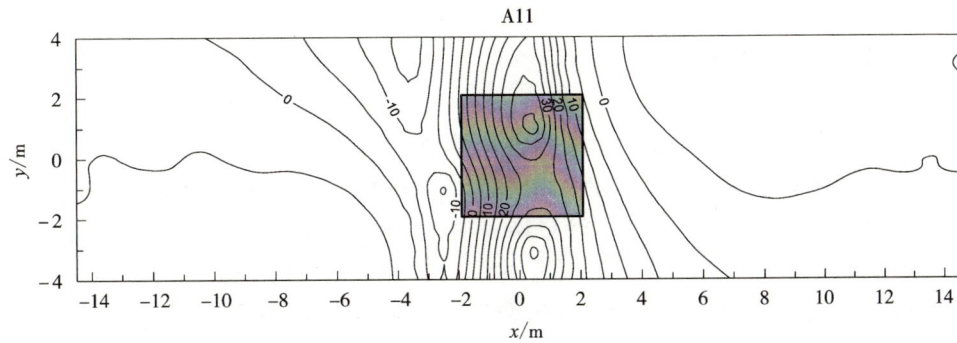
A11

A12

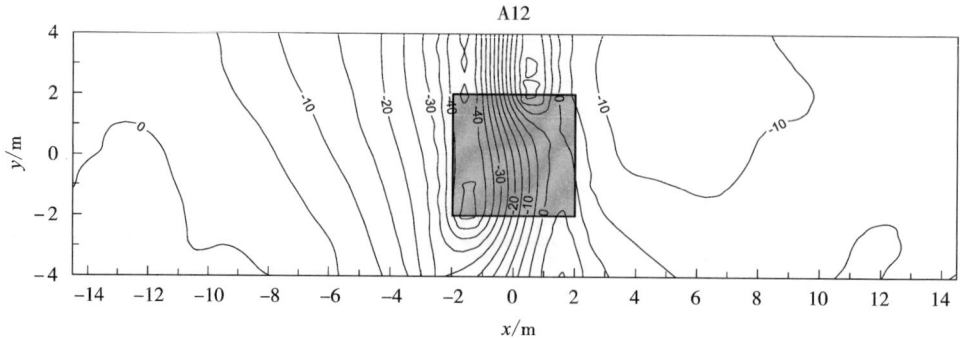

F1－2   不同位置充电点的视极化率异常平面图

附录2   三维正反演程序介绍

1. 地－井、井－地 IP 三维快速正演程序介绍

程序共包含7个模块,下面简要介绍各模块的实现功能:

(1)INPUT( ),通过文件形式读入要计算的地电模型、参数等;

(2)XYJN( ),四面体交叉剖分网格,并对网格结点进行编号;

(3)MCR_S ( ),根据剖分情况,得到正演计算系数矩阵的 MCR 存储非零元素位置等信息;

(4)GL_GG( ),对所有单元计算并形成总系数矩阵;

(5)BJ( ),计算区域边界积分,并集成到总系数矩阵中;

(6)SSOR_PCG( ),运用 SSOR－PCG 迭代法求解方程;

(7)OUT_DATA( ),输出计算结果到数据文件中。

2. 地－井、井－地 IP 三维层析成像快速反演程序介绍

程序共包含5个模块,下面简要介绍各模块的实现功能:

(8)INPUT_DATA( ),以文件形式输入工作参数、实测数据;

(9)MODEL_P( ),以文件形式给定初始模型;

(10)FORWARD( ),建立有限元网格,并对初始模型进行正演计算;

(11)INTE_INVERSION( ),计算误差项,并开始模型修改项的 CG 迭代计算,直到模型正演结果与实测数据误差达到要求或迭代次数超过最大迭代次数;

(12)OUT_INV( ),输出最终的模型参数结果即为反演结果。

3．正演计算的模型数据文件格式

```
*  *  *  *  *        DATA FILE FOR NUMERICAL MODELLING        *  *  *  *  *
NX   NY   NZ     X_SCALE   Y_SCALE   Z_SCALE   NLY   NXN
78   30   60      1.0       1.0       1.0       16    5
------------------------------------------------------------
N_Y =
13
------------------------------------------------------------
N_YY() =
10,11,12,13,14,15,16,17,18,19,20,21,22
------------------------------------------------------------
X =
-2500.,-1500.,-1000.,-600.,-450.,-300.,-200.,-150.,-120.,-100.,-90.,-80.,-70.,-60.,-50.,-40.,-35.,-30.,-26.,-22.,-
20.,-18.,-17.,-16.,-15.,-14.,-13.,-12.,-11.,-10.,-9.,-8.,-7.,-6.,-5.,-4.,-3.,-2.,-1.,0.,1.,2.,3.,4.,5.,6.,7.,8.,9.,10.,11.,12.,13.,14.,
15.,16.,17.,18.,20.,22.,26.,30.,35.,40.,50.,60.,70.,80.,90.,100.,120.,150.,200.,300.,450.,600.,1000.,1500.,2500.
------------------------------------------------------------
Y =
-2500.,-400.,-200.,-80.,-20.,-10.,-9.,-8.,-7.,-6.,-5.,-4.,-3.,-2.,-1.,0.,1.,2.,3.,4.,5.,6.,7.,8.,9.,10.,20.,80.,200.,
400.,2500.
------------------------------------------------------------
Z =
0.,-1.,-2.,-3.,-4.,-5.,-6.,-7.,-8.,-9.,-10.,-11.,-12.,-13.,-14.,-15.,-16.,-17.,-18.,-19.,-20.,-21.,-22.,-23.,-24.,-25.,-26.,-
27.,-28.,-29.,-30.,-31.,-32.,-33.,-34.,-35.,-36.,-37.,-38.,-39.,-40.,-41.,-42.,-43.,-44.,-45.,-46.,-47.,-48.,-49.,-50.,-52.,-
55.,-60.,-80.,-120.,-240.,-500.,-1000.,-1500.,-2500.
------------------------------------------------------------
Elev,N_Y = 10
0,0,0,0,0,0,0,0,0,0,0,0,0,0,0,0,0,0,0,0,0,0,0,0,0,0,0,0,0,0,0,0,0,0,0,0,0,0,0,0,0,0,0,0,0,0,0,0,0,0,0,0,0,0,0,0,0,0,0,0,0,0,0,0,0,0,0,0,0,0,0,
0,0,0,0,0,0,0,0,0,0,0,0,0,0,0,0,0,0
------------------------------------------------------------
......
------------------------------------------------------------
NX_x  =供电电极水平位置
20,30,40,50,60
------------------------------------------------------------
NZ_z =供电电极垂向位置
1,1,1,20,30
------------------------------------------------------------
RO  =电阻率
100.,1000.,10.,100.,100.,100.,100.,100.,100.
------------------------------------------------------------
```

/ 地－井、井－地激发极化法三维正反演研究

DISTRIBUTION OF RESISTIVITY：

```
    0         1         2         3         4         5         6         7 8
    1234567890123456789012345678901234567890123456789012345678901234567890123456789012345678901234567890
10 111111111111111111111111111111111111111111111111111111111111111111111111111111111111111111111111
   11111111111111111111111111111111111111111111111111111111111111111111111111111111111111111111111
   11111111111111111111111111111111111111111111111111111111111111111111111111111111111111111111111
   11111111111111111111111111111111111111111111111111111111111111111111111111111111111111111111111
   11111111111111111111111111111111111111111111111111111111111111111111111111111111111111111111111
   11111111111111111111111111111111111111111111111111111111111111111111111111111111111111111111111
   11111111111111111111111111111111111111111111111111111111111111111111111111111111111111111111111
   11111111111111111111111111111111111111111111111111111111111111111111111111111111111111111111111
   11111111111111111111111111111111111111111111111111111111111111111111111111111111111111111111111
   11111111111111111111111111111111111111111111111111111111111111111111111111111111111111111111111
   11111111111111111111111111111111111111111111111111111111111111111111111111111111111111111111111
   11111111111111111111111111111111112222211111111111111111111111111111111111111111111111111111111
   11111111111111111111111111111111112222211111111111111111111111111111111111111111111111111111111
   11111111111111111111111111111111112222211111111111111111111111111111111111111111111111111111111
   11111111111111111111111111111111112222211111111111111111111111111111111111111111111111111111111
   11111111111111111111111111111111111111111111111111111111111111111111111111111111111111111111111
   11111111111111111111111111111111111111111111111111111111111111111111111111111111111111111111111
   11111111111111111111111111111111111111111111111113311111111111111111111111111111111111111111111
   11111111111111111111111111111111111111111111111113311111111111111111111111111111111111111111111
   11111111111111111111111111111111111111111111111113311111111111111111111111111111111111111111111
   11111111111111111111111111111111111111111111111113311111111111111111111111111111111111111111111
   11111111111111111111111111111111111111111111111113311111111111111111111111111111111111111111111
   11111111111111111111111111111111111111111111111111111111111111111111111111111111111111111111111
   11111111111111111111111111111111111111111111111111111111111111111111111111111111111111111111111
   11111111111111111111111111111111111111111111111111111111111111111111111111111111111111111111111
   11111111111111111111111111111111111111111111111111111111111111111111111111111111111111111111111
   11111111111111111111111111111111111111111111111111111111111111111111111111111111111111111111111
……
```

图书在版编目（ＣＩＰ）数据

地－井、井－地激发极化法三维正反演研究／吕玉增，韦柳椰著. --长沙：中南大学出版社，2019.5
ISBN 978－7－5487－3624－0

Ⅰ.①地… Ⅱ.①吕… ②韦… Ⅲ.①激发极化法－研究
Ⅳ.①P631.3

中国版本图书馆 CIP 数据核字(2019)第 078311 号

地－井、井－地激发极化法三维正反演研究
DI－JING、JING－DI JIFA JIHUAFA SANWEI ZHENGFANYAN YANJIU

吕玉增　韦柳椰　著

□责任编辑	胡　炜	
□责任印制	易红卫	
□出版发行	中南大学出版社	
	社址：长沙市麓山南路	邮编：410083
	发行科电话：0731－88876770	传真：0731－88710482
□印　　装	长沙印通印刷有限公司	

□开　　本	710×1000　1/16	□印张 11.25	□字数 222 千字
□版　　次	2019 年 5 月第 1 版	□2019 年 5 月第 1 次印刷	
□书　　号	ISBN 978－7－5487－3624－0		
□定　　价	55.00 元		